평생의 모든 것
초등학교에서
결정된다

평생의 모든 것
초등학교에서
결정된다

김주연 지음

공감

안녕하세요.

저는 바다가 보이는 부산에 살고 있는 김주연입니다.

올해 2023년은 저에게 큰 의미가 있는 해입니다. 대한민국 초등학교 교사 25년 차, 초등학교 1학년 담임이면서 고 3 엄마로서 대학을 제외한 공교육 12년을 모두 경험하는 뜻깊은 2023년입니다.

그리고 태어나면서 부모님께 선물받은 소중한 이름 '김선미'를 '김주연'으로 바꾸는 해이기도 합니다. 새 이름 '김주연'에 '인생의 주연배우'로 살고 싶은 마음을 담았습니다. 주인공으로서의 역할을 충실히 수행하고, 인생의 무대에서 빛나는 모습을 보여 줄 것입니다. 가족과 주변 사람들과 더불어 행복하고 의미 있는 인생을 살아가는 것이 목표입니다.

2020년 2월부터 오늘까지 미라클 모닝 1,100일의 기적을 몸과 마음으로 느끼며 살고 있습니다. 미라클 모닝 새벽 2시간을 온전히 나 자신에게 집중하면서 많은 변화가 일어났습니다.

어떻게 하면 나 자신을 사랑할 수 있을지, 어떤 방법으로 행복할 수 있을지에 대해 생각했고, 책을 읽고 내 삶의 문제를 연결시켜 해결하기 시작했습니다. 그때부터 제 마음에 남편과 딸들, 우리 반 아이들이 하나둘 들어왔습니다.

'아는 만큼 보인다'는 말처럼, 관심을 보이니 조그맣게 사랑이 생겼습니다.

2021년 10월 『쪼가 있는 사람들의 결단』을 공저로 출간하고, 2023년 11월 첫 개인책 『평생의 모든 것, 초등학교에서 결정된다』를 준비하면서 다시 한 번 제 인식의 바다를 바닥부터 휘젓는 기회를 만났습니다.

1,000일이 넘는 기간 동안 먼지같이 쌓이고 쌓였던 생각들이 '아, 사는 게 이런 거구나!'라는 깨달음을 주었습니다. 미라클 모닝을 하기 전과 똑같이 제 곁에 있던 남편과 딸들, 가족, 지인, 우리 반 학생들이 이제는 다르게 보입니다.

"제가 힘들 때, 함께 있어 주어서 고맙습니다."
"여러분이 있어 행복합니다."

진짜 아내, 진짜 엄마, 진짜 자녀, 진짜 선생님이 되려고 마음먹는 데 48년이 걸렸습니다. 저 깊숙한 잠재의식에서부터 사랑의 에너지가 더욱 열심히 해야겠다는 생각과 함께 쑥 올라옵니다.

『쪼가 있는 사람들의 결단』을 출간할 때부터, 제 머릿속 화두인 '학교에서 가르쳐 주지 않는 것들'에 대해 알기 쉽게 풀어서 이 책에 적었습니다. 처음 초등학교를 보내면서 학부모로 살게 될 어머니들과 자녀들에게 도움이 될 저의 경험과 생각을 같이 나누며 함께 성장했으면 좋겠습니다.

이 책을 선택한 어머니들이 정서, 심성, 습관, 공부머리의 그릇이 결정되는 초등학교 6년 동안 꼭 익히고 경험해야 할 내용에 대해 미리 생각해 볼 기회가 되었으면 하는 작은 바람을 담아 보냅니다.

감사합니다, 축복합니다. 덕분입니다.

김주연

목차

〈part1〉

왜, 초등학교 6년이
골든 타임일까?

1.
딱 지금이다

책 제목부터 너무 거창합니다. 밥 먹는 것, 옷 입는 것, 친구 관계 등 스스로 할 수 있는 것보다 부모의 손을 거쳐야 할 수 있는 일이 더 많은 우리 아이들입니다. 그런데 초등학교에서 다 결정된다니요? 우리 부모의 어깨에 바위 하나가 더 얹어지는 부담감이 느껴집니다.

'세 살 버릇, 여든까지 간다'라는 말이 있습니다. 우리 조상들은 오랜 삶의 경험에서 어린 시절, 몸에 익힌 습관과 심성이 평생을 좌우한다는 것을 알고 있었습니다.

브루스 립턴 박사는 신생물학과 인지과학 분야에서 활동한 유명한 연구자 중 한 명입니다. 그는 "만 7세(우리나라 초등학교 1, 2학년) 이전에 부모와 형제를 관찰하면서 소프트웨어를 통째로 다운로드

받는다"라고 이야기합니다. 그만큼 아동기에 주변 환경과 상호작용하면서 많은 정보와 행동 패턴을 배우고 습득한다는 것을 강조한 것이지요.

모든 동물은 결정적 시기가 있다고 합니다. 뇌 과학자들의 연구에 따르면 인간의 뇌 발달은 태어난 후 약 10년에서 12년 정도의 시기에 결정적인 단계를 거친다는 주장이 있습니다. 이 기간은 중요한 신경 발달과 학습이 이루어지는 시기이며, 뇌 내 신경 연결의 형성이 활발히 일어납니다. 특히 시냅스라는 신경세포 간 연결이 형성되고 강화되는 시기로, 중요한 신경 회로가 형성되고 강화됩니다. 이는 아동이 학습하고 경험하면서 새로운 지식과 기술을 습득하는 기반을 마련하는 데 중요한 역할을 합니다.

인간의 뇌는 어릴 때 가장 수용력이 뛰어나다.
그렇기에 어린 시절에 올바른 지식과 습관을 심어 줘야 한다.
- 플라톤

2.
초등학교에서
처음 배우는 사회생활

우리 반 아이들은 쉬는 시간을 너무 기다립니다. 친구들과 함께 운동장을 뛰어놀 수 있는 시간이기 때문입니다. 유치원 때도 친구들은 있었지만, 초등학교 다닐 적 함께 학습과 놀이 등의 관심사에 대해 자세하게 이야기할 수 있는 친구들은 좀 더 특별하게 다가옵니다. 그리고 초등학교 친구들은 전학을 가지 않는 한, 6년 동안 같은 거주지와 교실 환경에서 생활을 합니다. 이런 공통점을 바탕으로 뇌 발달의 결정적 시기에 만난 첫 친구들은 참으로 중요합니다.

초등학교 1학년 담임선생님은 부푼 기대를 안고 처음 초등학교에 입학해서 만나는 공교육 12년의 첫 선생님입니다. 어려운 가위질도 척척, 글씨도 예쁘게 쓰시는 담임선생님은 아이들의 눈에 참으로 위대해 보입니다. 우리 아이들은 선생님을 통해 첫 세상을 배웁니다.

'좋은 시설의 교실'보다 '한 분의 참된 스승'이 필요하다는 말이 있습니다. 좋은 선생님은 학생들에게 지식뿐만 아니라 인성적인 가치, 도덕적인 가르침, 태도와 행동의 모범을 전달할 수 있습니다. 그들은 학생들의 발전과 성장을 돕기 위해 열정과 애정을 가지고 교육에 임합니다. 좋은 선생님은 학생들에게 자신감과 동기부여를 주며, 학습에 대한 흥미와 태도를 형성하도록 도와줍니다. 그 과정을 통해 학생들의 인생과 학습에 긍정적인 영향을 미치며, 지식뿐만 아니라 인성적인 가르침과 올바른 가치관을 전달하여 학생들의 종합적인 발전을 도모합니다.

여기서 자녀가 좋은 선생님을 만날 수 있는 꿀팁을 하나 전합니다. 3월 학부모 총회에서 부모님들을 처음 만날 때, 꼭 강조하며 전달하는 내용이기도 합니다.

자녀에게 선생님의 권위를 세워 주십시오. 선생님의 권위가 있어야 1년 동안 자녀는 선생님의 말과 행동을 신뢰하고 따릅니다. 절대 자녀 앞에서 선생님 욕을 하면 안 됩니다. 선생님이 듣기 좋으라고 하는 말이 아니라, 소중한 우리 아이를 위해서입니다. 아이들의 선생님에 대한 선입견은 부모에 의해 만들어집니다. 선생님에 대한 긍정적인 기대감은 아이가 학교에 가고 싶게 만듭니다. 학교에 가는 것이 즐거우면 학교생활이 행복할 것이고, 친구들과 잘 지내고 성적 또한 오를 것입니다.

나는 나의 스승들에게서 많은 것을 배웠다.
그리고 내가 벗 삼은 친구들에게서 더 많은 것을 배웠다.
그러나 내 제자들에게선 훨씬 더 많은 것을 배웠다.
– 탈무드

3.
초등학교에서 처음 배우는 중요한 가치들

유치원은 사회화와 기본적인 예절 등을 강조하는 곳입니다. 한편 초등학교는 이러한 기본적인 가치에 더해 더 복잡한 윤리적인 문제에 대한 이해와 판단력을 배우는 것이 목표입니다.

초등학교에서 배우는 여러 가지 가치들은 아이들이 내적 성장을 이루고 사회적으로 성숙해 나갈 수 있는 기반이 됩니다. 예의와 존중, 정직과 성실, 자기통제와 책임감, 협력과 팀워크, 관용과 이해심 등의 가치들은 개인의 성장과 사회생활의 성공과 행복을 위해 중요한 역할을 합니다. 이러한 가치들을 배우고 실천함으로써 학생들은 내적 성장과 타인과의 관계에서 발전할 수 있습니다.

예의와 존중

다른 사람들을 존중하고 배려하는 마음가짐을 가지며, 인사와 감사의 말을 사용하는 법을 배웁니다. 그를 통해 공동체에서 서로를 존중하고 상호작용하는 중요성을 이해하게 됩니다.

정직과 성실

거짓말을 하지 않고 솔직하게 행동하며, 맡은 일에 성실하게 임하는 가치를 배웁니다. 이 과정을 거치면서 신뢰를 얻고 자신의 능력을 발전시키는 기회를 얻을 수 있습니다.

자기통제와 책임감

자신의 감정과 행동을 조절하고 통제하는 방법을 배우며, 자신의 행동에 대한 책임을 질 수 있는 능력을 키웁니다. 이를 통해 자기 성장과 타인과의 관계에서의 문제 해결에 도움을 줄 수 있습니다.

협력과 팀워크

친구들과 의사소통하며, 공동의 목표를 달성하기 위해 협력하는 방법을 배웁니다. 친구들과의 다양한 관계에서 협력과 팀워크를 발전시키는 기회를 가질 수 있습니다.

관용과 이해심

친구들과의 차이와 다양성을 인정하고 이해하는 마음가짐을 가지며, 그들의 감정과 상황을 이해하려는 노력을 해 봅니다. 이를 통해 친구와의 관계를 개선하고 긍정적인 사회적 환경을 형성할 수 있습니다.

같은 세상에 살아가는 우리는
서로를 이해하고 도우며 협력해야 한다는 가치를 배워야 한다.
- 달라이 라마

⟨part 2⟩

이제 육아(育兒)하면서
육아(育我)하자

1.
나도 엄마가 처음이란다

친정어머니가 47세 때, 저는 27살에 결혼을 했습니다. 친정어머니 셈법으로 하면, 저는 작년에 사위를 봤어야 하는 나이입니다.

결혼하고 1년쯤 지나고 나서, '우리 엄마는 왜 나랑 사위한테 보통의 친정어머니처럼 푸근하지 않을까?' 하는 생각을 했습니다.

그런데 '내가 47세구나'라는 생각이 문득 든 작년의 어느 날, '우리 엄마가 너무 젊을 때 사위를 봐서 사위까지 푸근하게 안을 수 있는 여유가 없었겠다'는 생각이 들었습니다. 직장 생활과 자기 계발 공부를 한다고 바빴던 제가 신랑을 포함한 세 딸에게 따뜻한 말 한마디, 맛있는 밥 한 끼를 제대로 못 챙겨 준 때였습니다.

친정어머니도 지금 살고 있는 모든 시간과 경험이 처음인데, 저는 철없이 친정어머니를 탓하고 있었습니다. 세 딸이 저에게 엄마로서 잘 못해 주는 것에 대해 불평하는 것을 들으며, 저는 속상해하면서 말이지요.

이제 막 초등학교를 보내고 아이들을 잘 키워 봐야겠다는 다짐을 하며 이 책을 읽고 계신 우리 어머니들, '우리 딸을 다른 부모가 키우면 더 잘 키울까?'라는 생각이 들 때가 있을 거예요. 저 또한 그런 생각을 많이 했거든요. 자녀에게 미안한 마음을 가지는 것은 부모로서 성장 과정이며, 부모의 사랑과 책임감을 보여 주는 순간입니다. 우리는 부모로서 항상 완벽하지는 않습니다. 하지만 자녀들은 부모의 노력과 사랑을 몸과 마음으로 이미 느끼고 있습니다.

세 딸이 옛날에 있었던 일을 이야기하며, "그래도 나 엄마 마음 다 알아"라고 할 때마다 '딸들이 진심을 알아주는구나'라는 마음과 함께 고마움을 느낍니다.

부모로서의 역할은 어렵고 가끔은 힘들기도 합니다. 하지만 당신은 그 어려움을 극복하고 자녀들을 지지하며 돌봐 주고 있습니다. 당신의 노력과 헌신은 자녀들에게 안정감과 사랑을 주고 있고, 건강하고 행복하게 자라날 수 있도록 돕고 있습니다.

그것만으로 충분합니다.

우리는 이미 잘하고 있습니다!

자녀는 우리의 가장 소중한 작품이다.

그들을 사랑하고 지원하는 것은

우리가 할 수 있는 가장 위대한 일 중 하나이다.

– 마리언 C. 앤더슨

2.
언제까지나 너를 사랑해

2023년 11월 9일은 큰딸의 열아홉 번째 생일이었습니다. 딸들의 생일이 될 때마다 마음이 담긴 편지와 용돈을 주려고 마음을 먹지만, 실천은 한 번도 못했습니다. 고 3 수능을 앞둔 올해 큰딸 생일에는 특별 이벤트로 편지와 용돈을 꼭 주리라 마음을 먹었습니다.

전날 수업을 이유로 도서관에 가서 우연히 로버트 먼치 작가의 그림책 『언제까지나 너를 사랑해』를 만났습니다. 예스러운 노란 표지를 여는 순간, 어머니의 인생을 시작하게 해 준 큰딸과 친정어머니를 생각하며 눈시울이 붉어지는 내용이 펼쳐졌습니다.

이 책을 읽고 있는 여러분은 초등학교 저학년 학부모일 것이라 생각합니다. 인생의 깊이가 느껴지는 이 그림책을 읽으며, 자녀가 커 가면서 느낄 수 있는 감정에 대해 미리 느껴 보는 시간을 가져 보길 바랍니다. 갓 태어난 아들을 가슴에 꼭 안은 어머니는 아기에게 가만히 노래를 불러 줍니다.

> 너를 사랑해 언제까지나
> 너를 사랑해 어떤 일이 닥쳐도
> 내가 살아 있는 한
> 너는 늘 나의 귀여운 아기

두 살이 된 아기는 집안을 돌아다니며 온갖 장난을 칩니다. 어머니는 이 아기를 보며 "이 아이 때문에 내가 미쳐 버릴 것만 같아"라고 말을 합니다. 하지만 밤이 되어 아기가 잠들고 나면, 어머니는 노래를 부릅니다.

> 너를 사랑해 언제까지나
> 너를 사랑해 어떤 일이 닥쳐도
> 내가 살아 있는 한
> 너는 늘 나의 귀여운 아기

아홉 살이 된 남자아이는 놀기만 하고 떼를 쓰며 할머니에게 언제나 버릇없는 말만 합니다. 때때로 어머니는 이 아기를 보며 '이 녀석, 동물원에라도 팔아 버리고 싶은 심정이야!'라고 생각합니다. 하지만 밤이 되어 아이가 잠들고 나면, 어머니는 노래를 부릅니다.

> *너를 사랑해 언제까지나*
> *너를 사랑해 어떤 일이 닥쳐도*
> *내가 살아 있는 한*
> *너는 늘 나의 귀여운 아기*

어느덧 십 대가 된 소년은 이상한 친구들과 사귀고, 이상한 옷을 입고, 이상한 음악을 듣습니다. 때때로 어머니는 '마치 내가 동물원에 와 있는 기분이지 뭐야!'라고 생각합니다. 하지만 밤이 되어 소년이 잠들고 나면, 어머니는 노래를 부릅니다.

> *너를 사랑해 언제까지나*
> *너를 사랑해 어떤 일이 닥쳐도*
> *내가 살아 있는 한*
> *너는 늘 나의 귀여운 아기*

어른이 된 아들은 집을 떠나 이웃 마을에서 살게 되었습니다. 아들의 집에 불이 꺼져 있으면 어머니는 아들의 침대 곁에서 노래를 부릅니다.

너를 사랑해 언제까지나
너를 사랑해 어떤 일이 닥쳐도
내가 살아 있는 한
너는 늘 나의 귀여운 아기

어느새 나이가 든 어머니는 전화로 아들에게 집으로 와 달라고 이야기합니다. 이제 너무 나이가 많이 들어 기운이 없기 때문에 아들을 키우며 불러 온 노래를 끝까지 부를 수 없습니다. 어머니에게 아들은 천천히 노래를 부릅니다.

사랑해요 어머니, 언제까지나
사랑해요 어머니, 어떤 일이 닥쳐도
내가 살아 있는 한
당신은 늘 나의 어머니

그날 밤, 집으로 돌아간 아들은 잠들어 있는 갓 태어난 여자아이를 안고 노래를 부릅니다.

너를 사랑해 언제까지나

너를 사랑해 어떤 일이 닥쳐도

내가 살아 있는 한

너는 늘 나의 귀여운 아기

3.
이제 육아(育兒)하면서
육아(育我)하자

〈사랑의 불시착〉은 2019년에 방영된 현빈과 손예진이 주인공인 인기 드라마입니다. 이 드라마는 현빈이 북한군 리정혁 역할을 맡고, 손예진은 대한민국 부자 가문 딸 윤세리 역할을 맡습니다. 패러글라이딩을 하던 윤세리가 북한에 불시착한 사고로 북한에서 만나게 되고, 사랑이 시작되는 줄거리가 펼쳐집니다.

〈사랑의 불시착〉 드라마는 현빈과 손예진의 러브 라인으로 다음 회가 기다려지는 행복한 시간을 선물했지만, 우리 인생은 단 한 번뿐이라 불시착하게 되면 불행의 고통을 안겨 줍니다.

보통 사람들이 다 이렇게 살고 있을 겁니다. 부모님이 낳아 주셔서 태어났고, 친구들이 대학에 가고, 적령기라는 숫자의 마법에 빠져 연애하고 결혼을 합니다. 다른 사람들이 아이를 낳으니 아이도 낳았습니다. 아이가 태어났으니 밥 먹이고 재우고 키웠습니다. 또 아이가 자라 학교를 가고 수능을 치고, 어느새 성인이 된 아이들은 또다시 저와 같은 인생을 살아가겠지요.

저는 부모님의 사랑과 온 우주의 축복으로 무난한 인생을 살고 있지만, 백세시대 살아갈 날이 더 많이 남았습니다. 인생은 일시적인 선택과 흐름에 따라 살아가는 것이 아닙니다. 지금이라도 남들이 사는 대로 사는 인생이 아닌 나만의 가치와 소망과 방향을 잡고, 앞으로의 인생을 선택하는 용기를 가지려고 합니다. 스스로 생각하고, 자신의 가치와 꿈을 존중하는 방법을 익히며, 열망과 소망을 실현하기 위해 노력해야 합니다. 남들에게 휘둘리지 않고, 진정한 나의 모습을 찾아 인생을 살아야겠습니다.

초등학교 1학년에 입학하는 지금까지 우리는 열심히 육아(育兒)를 했습니다. 이제 아이를 키우면서 '나를 키우는 육아(育我)'를 동시에 해 보는 것은 어떨까요?

자녀에게도 이때까지 살아온 부모의 인생에 대해 이야기해 주고, 앞으로 다가올 인생에 대한 로드맵을 짜 볼 수 있도록 해 보세요. 부모가 진정한 나의 모습을 찾아 인생을 살아간다면, 자녀들도 '우리 부모님처럼 세상 사는 사람들과 다르게 사는 방법도 있구나'

라는 생각을 한 번은 해 볼 것입니다.

자신만의 인생을 살기 위해 실천할 수 있는 방법은 매우 다양하지만, 아래의 방법을 추천합니다.

자신이 원하는 인생의 방향과 목표를 설정하는 것이 중요합니다. 명확하고 구체적인 목표를 세우고, 그에 따른 계획을 세우세요. 이러한 목표와 계획은 당신의 인생을 향해 나아가는 동기와 방향을 제시해 줄 것입니다.

자기 자신을 깊이 이해하는 것은 나만의 인생을 살기 위한 핵심입니다. 자신의 가치, 열정, 장점, 한계 등을 이해하고 받아들이세요. 이를 통해 자신과의 조화를 이루고, 개인적인 성장과 발전을 이룰 수 있습니다.

건강한 신체와 정신을 유지하기 위해 자기 관리에 신경을 쓰세요. 충분한 휴식, 균형 잡힌 식단, 운동, 스트레스 관리 등이 필요합니다. 또한 자기 계발을 위해 독서, 학습, 새로운 기술 습득 등을 추구하세요.

긍정적인 태도와 마인드 셋을 유지하는 것이 중요합니다. 어려움에 직면했을 때도 긍정적인 시각으로 문제를 바라보고, 실패를 배움의 기회로 삼으세요. 긍정적인 자기 대화를 하며 자신을 격려하세요.

새로운 경험과 도전을 통해 자신을 발전시킬 수 있습니다. 새로운 취미나 관심사를 찾아보고, 자신이 편안해 하는 영역을 벗어나 도전하세요. 새로운 경험을 통해 자아실현과 성장의 기회를 얻을 수 있습니다.

주변에 긍정적이고 건강한 인간관계를 형성하려 노력하세요. 가족, 친구, 동료 등과의 소통과 협력을 통해 상호 지원과 공감을 나누며, 서로의 성장을 도모하세요.

현재의 순간을 즐기고 소중히 여기는 것이 중요합니다. 과거에 대한 후회와 미래에 대한 불안에 사로잡히지 말고, 현재를 살며 자신의 가치와 의미를 발견하세요. 중요한 것은 당신에게 맞는 방법을 찾고, 지속적으로 실천하며 조화로운 인생을 만들어 나가는 것입니다. 자신을 믿고 당당하게 나아가세요.

자녀는 우리의 소중한 존재입니다. 그러나 우리 자신을 소중히 여기고 행복한 삶을 살아가는 것이 더 중요합니다. 우리는 자신의 가치와 꿈을 이루기 위해 노력하고, 자기 자신을 존중하며 사랑할 필요가 있습니다. 자녀에게도 자신을 소중히 여기고 행복을 추구하는 모습을 보여 줄 때, 한 명의 올바른 성인으로 자라날 수 있을 것입니다.

자녀와 함께 성장하려면 우리가 먼저 변화하고 발전해야 한다.
그들이 우리를 모범으로 삼을 수 있도록 노력해야 한다.
- 로버트 존 맥케이브

〈 part 3 〉

성공의 키워드,
부모 그리고 가족

1.
나는 꿈꾸는 엄마인가?

2020년 1월 중순, "4시 38분에 일어나서 2시간 동안 온전히 자신에게 집중하는, 미라클 모닝을 시작해 보겠나?"는 전화를 받았습니다. 호기심이 많고 생각한 것은 바로 해야 하는 저는 바로 "Yes"라고 답했고, 그렇게 2020년 2월 1일부터 5명과 함께 프로젝트 '438의 기적'을 시작했습니다.

그 후로 4시 38분에 시작해 6시 30분까지 자기 공부의 시간을 가졌고, 토요일마다 온라인 독서 모임에도 참여했습니다. 지정 도서를 읽고 독서 모임을 통해 회원들의 생활과 책에 대한 생각을 나누었습니다. 나눔의 과정에서 '같은 책을 읽으면서도 다른 생각을 할 수 있구나'라는 생각을 했습니다.

'박상배 성장경영연구소'에서 하는 '코어 리딩' 독서법에 대해 공부하고, 질문을 가지고 책을 읽는 방법을 익혔습니다. 독서에 그치지 않고, 삶으로 적용을 할 수 있는 방법이 있다는 것을 배웠습니다. '빅커리어 매니저' 과정을 통해 업무를 세밀하게 쪼개 실행하고 개선하는 방법을 배우고 실행했습니다. 하나의 업무를 전문성 있게 잘하면 다른 업무에도 적용하고, 전문가가 될 수 있는 방법을 익혔습니다.

친정어머니 한의원 방문 때 보호자로 만났던 최원교 대표님을 스승님으로 모시면서 명상하기, '내 마음 독서', '꿈꾸는 독서', '나비성 독서'를 통해 우주와 한마음으로 되는 방법을 알았습니다. '1시간 만에 배우는 딱따라 책쓰기'를 익혀, 2021년 10월『쪼가 있는 사람들의 결단』으로 공저자가 되었습니다. 2022년 7월 강남 교보문고에서 딱따라 작가 사인회에 참여해 '내가 작가가 되었구나'라고 몸소 느낄 수 있었습니다.

무언가를 시작하기에 늦었다고 생각할 수 있는 40대 중반에 공부를 시작하니 참 재미있습니다. 마음에 공부가 조금씩 차곡차곡 쌓이니, 자신부터 시작된 공부가 주변을 이롭게 할 수 있겠다는 생각이 들었습니다.

성공학의 그루들은 공통적으로 "공헌하는 사람들은 반드시 성공한다"고 이야기합니다. 공헌은 개인의 성장과 사회적 발전을 동시에 이루어지게 하며, 자기 자신과 다른 사람들에게 긍정적인 영향을 미칩니다. 이러한 이유로 주변에 공헌하는 사람들은 반드시 성공하는 경험을 할 수 있습니다.

저는 배운 내용을 바탕으로 아동기와 청소년기의 학생들에게 자신의 꿈을 하나하나 쌓아 나갈 수 있는 마인드를 심어 주고자 합니다. 마인드 전환을 통해 자기 계발은 물론, 부와 명예를 쌓을 수 있는 기초를 마련해 주고자 합니다. 더 많이 배우고 끊임없이 적용하며 행복하게 살아가려고 마음먹습니다.

다른 사람에게 도움을 주는 일을 하는 사람은
자신에게 가장 큰 선물을 주는 것이다.
- 세네카

2.
내가 믿은 만큼,
아이는 자란다

아이들을 키우려 애쓰지 마라,

아이들은 스스로 자란다,

그들은 '믿는 만큼' 자라는

신비한 존재이니까.

부모의 신뢰가 자녀 교육에 얼마나 중요한지를 알려 주는 문장입니다. 부모의 믿음과 지지가 자녀의 자아존중감, 자기효능감, 자기 개념 형성, 사회적 능력 등에 긍정적인 영향을 미치며, 자녀의 성장과 발달을 돕는다는 것은 다양한 연구에서 확인된 사실입니다. 따라서 부모는 자녀를 믿고 신뢰하여 그들이 자신의 능력을 발휘할 수 있도록 도와줘야 합니다.

부모가 자녀를 믿는다는 것을 가장 확실하게 보여 줄 수 있는 것은 자녀의 이야기를 잘 들어 주는 것입니다. 진심으로 자녀를 믿어 주고, 자녀의 말을 끝까지 경청하고, 대화 중간에 질문을 곁들여 더 자세하게 생각하고 말할 수 있도록 도와주는 것이 중요합니다. 이때 자녀의 말과 함께 표정과 몸짓을 살펴보고 자녀의 감정까지 이해한다면 더욱 효과가 좋습니다.

에디슨과 아인슈타인의 어머니는 학교에서 도저히 가르칠 수 없다고 포기한 에디슨과 아인슈타인을 무한 신뢰하는 마음으로 보살폈기에 역사에 길이 남는 발명가와 과학자가 되었습니다.

우리의 자녀도 예외일 수 없습니다. 부모의 믿음 아래 자란 자녀는 반드시 올곧은 성인으로 자라나며, 타인을 잘 믿고 신뢰받는 사람이 됩니다. 부모의 믿음을 먹고 자란 자녀는 잠재력 이상으로 훨씬 발전된 모습으로 자라납니다.

**사람이 자녀와 손자에게 물려줄 수 있는 가장 큰 유산은
돈이나 다른 물질적인 것들이 아니라 인격과 믿음의 유산이다.
- 빌리 그레이엄**

3.
우리 아이에게 내가 보입니다

어느 날, 셋째 딸이 숏 컷을 하고 왔습니다. 셋째 딸을 보면서 저는 깜짝 놀랐습니다. 딸의 얼굴에 중·고등학교 6년 동안 숏 컷으로 지냈던 저와 제 동생의 얼굴이 오묘하게 섞여 있었기 때문입니다. '내 딸이 맞긴 맞구나'라는 생각을 하며 씩 웃었습니다.

또 어느 날은 벗어 놓은 옷으로 히말라야산맥을 만들어 놓은 딸의 방을 보며 '어떡해, 나처럼 정리가 잘 안 되는구나'라는 생각을 합니다. 제가 보여 준 모습 그대로 따라 하는 딸들을 보며 저부터 똑바로 살아야겠다고 다짐을 합니다.

자녀가 부모의 행동, 말 하나하나를 본 대로 따라 하는 것처럼 교실에서 아이들이 제가 한 이야기를 똑같은 말투와 단어 그리고 저와 비슷한 표정으로 따라 하는 경우를 종종 발견하게 됩니다. 그럴 때 귀엽다는 생각도 들지만, 바람직하지 않은 모습을 따라 하고 있을 때는 얼굴이 빨개지기도 합니다.

'어떤 것을 가르쳐야지'라는 마음을 먹지 않아도 자녀와 학생은 은연중에 부모와 선생님의 모든 것을 따라 배웁니다. 모든 순간을 배우기에 어떤 부모와 선생님을 만나는지가 인생에서 중요한 것입니다. 우리 딸들과 교실의 학생을 위해 '엄마이면서 교사인 나부터 말과 행동 하나하나 주의해서 해야지'라고 한 번 더 다짐해 봅니다.

자식은 부모의 거울이다.
– 작가 미상

4.
가족의 중심은 부부입니다

 1학년 아이들은 종종 "어제 우리 엄마, 아빠가 싸웠는데요"라면서 부모가 한 이야기와 행동을 아주 구체적으로 이야기합니다. 실제로 자녀들은 부모가 사이좋게 지내지 않는 점에 대해 심리적 불안감을 느끼는 경우가 많습니다. 저희 집도 예외가 아닙니다. 그런 일이 있었던 날 저녁에는 어린 딸들에게 담임선생님께 절대 우리집 이야기를 하지 말 것을 신신당부했습니다.

 '이사 갈 때 반려견은 꼭 챙겨 가도 남편에게는 주소를 가르쳐 주지 않는다'라는 우스갯소리는 부부가 가족의 중심이 아니라는 요즘 현실을 반영하고 있습니다. 두 남녀가 사랑을 해서 부부가 되고, 사랑의 결실인 자녀가 함께 더해진 것이 가족입니다. 자녀 교육의 중요성이 더욱 강조되고, 자녀의 학업이나 진로가 가족의 일 중 가장 중요해진 지 오래입니다.

　　원칙적으로 가족의 중심은 부부여야 합니다. 가족의 기반은 부부의 관계이며, 사랑과 협력을 바탕으로 가족이 튼튼하게 이어진다는 것을 강조합니다. 부부가 가족 구성원들에게 모범이 되어야 가정이 바로 설 수 있습니다.

　　자녀 중심의 가족은 결국 자녀에게 더욱 부담을 안겨 줍니다. 부모 사이에 사랑은 하나도 느껴지지 않으면서 자녀의 일에만 집중한다면, 자녀 또한 부담을 느낄 수밖에 없습니다. 자녀 중심에서 부부 중심으로 이동하기 위해서는 부부와 자녀 간의 노력이 필요합니다.

　　부부는 서로의 차이점을 이해하고 존중하는 마음을 가져야 합니다. 서로의 강점과 약점을 인정하며, 서로를 지지하고 격려하는 관계를 유지해야 합니다.

　　부부는 자녀에게 편중된 시간과 관심을 서로에게 투자해야 합니다. 서로에게 충분한 관심을 기울이고 함께 시간을 보내면서 가정의 유대감을 강화해야 합니다.

　　부부는 가정에서 긍정적인 분위기를 조성해야 합니다. 충돌이나 어려움이 있을 때도 서로를 격려하고 지지해 주며, 즐거운 시간과 웃음을 함께 나눌 수 있는 환경을 만들어야 합니다. 기본적으로 부부가 가족의 근간이라는 사실을 마음속에 다잡고 있는 것이 가장 중요합니다.

지금 당장 이 내용들을 모두 실천하기는 어려울 수 있습니다. 하나씩 실천함으로써 부부 중심의 가정을 형성하고 유지할 수 있습니다. 부부의 관계가 건강하고 행복할수록 가정은 안정적이고 풍요로운 공간이 될 수 있습니다.

사랑과 협력으로 이루어진 부부이다.

– 알렉시스 카렐

5.
밥도 먹고, 사랑도 먹고

친구와 약속을 잡을 때 "우리 밥 먹자"라는 말로 이야기를 꺼내고, 그렇게 식사를 한 끼 함께하면 친해지는 경험을 해 봤을 것입니다. 그만큼 인간관계에서 식사는 음식을 섭취하는 것보다 더 큰 의미가 있습니다.

밥상머리 교육은 가정에서 함께 모여 음식을 먹으면서 자녀에게 소통, 예절, 문화 등을 가르치는 교육 방법을 말합니다. 식사를 하며 가족 구성원들이 모여 대화하고, 서로의 일상을 나누는 시간을 가집니다. 이를 통해 가족 간 소통과 유대감을 강화하며, 가정 내의 관계를 더욱 튼튼하게 만듭니다.

밥상머리 교육은 자녀에게 식사 시간에 지켜야 할 예절과 행동을 가르치고, 상대방을 존중하며 배려하는 마음을 실천할 수 있도록 도와줍니다. 예를 들면, 가족이 다 모일 때까지 기다리기, 부모가 수저를 들 때까지 기다리기 등을 통해 인내심과 배려심을 배울 수 있습니다.

음식을 통해 자신의 문화와 가치를 전달하고, 자녀에게 특정 음식(집안 대대로 내려오는 음식 등)이나 전통을 소개하여 문화적인 이해와 인식을 함께 나눌 수 있습니다.

밥상머리 교육의 시간을 통해 가족 구성원들이 서로의 경험과 지식을 공유합니다. 자녀는 부모와 함께 이야기를 나누며 새로운 지식을 습득하고 공유하면서 세대 차이를 극복할 수 있고, 부모는 자녀의 성장과 발전을 도모하는 데 기여할 수 있습니다.

밥상머리 교육을 할 때는 몇 가지 원칙을 세워야 합니다.

첫째, 일주일에 한 번은 모든 가족이 함께 식사하는 날짜를 정해야 합니다.

둘째, 온 가족이 모이는 날에는 가족이 좋아하는 특별한 메뉴로 풍성하게 준비하도록 합니다.

셋째, 식사를 준비할 때 모든 가족이 역할을 나누어 해야 합니다.

넷째, 여유롭고 긍정적인 분위기에서 함께 식사할 수 있도록 분위기를 조성하고, 식사 규칙을 정해야 합니다.

다섯째, 자기가 먹은 그릇과 수저는 직접 정리할 수 있게 합니다. 음식물 쓰레기를 비우고, 기름기를 1차로 제거하고 물에 충분히 불리자고 미리 약속을 합니다.

학교 교육과정에 정해진 점심시간에 맞추어, 입학 전에 급식판에 먹는 연습을 해 보는 것도 추천합니다. 밥, 국, 3가지 이상의 반찬이 나오는 학교 급식을 골고루 먹는 연습도 필요합니다. 학교는 단체 생활을 하는 곳이기에 정해진 시간 안에 먹고, 먹은 자리를 깨끗하게 치우는 것까지 연습해야 합니다. 특히 학교 급식에 나오는 짜 먹는 요구르트, 비닐 덮개를 열어서 먹는 젤리, 빨대를 꽂아서 먹는 음료 등을 먹는 연습을 입학 전에 충분히 해 보는 것이 중요합니다.

이번에는 부모와 자녀가 함께 요리하는 것에 대해 생각해 볼까요?

가족의 생일에 부모와 자녀가 함께 미역국을 끓이는 전통을 세워, 함께 요리하는 즐거움을 가져 보는 것을 제안해 봅니다. 자녀가 너무 어릴 때에는 부모가 주로 조리를 하고, 자녀에게는 재료를 다듬는 역할을 맡기면 됩니다. 자녀가 크면 자녀가 주로 요리를 하고 부모가 보조 역할을 하면 되는 것이죠.

부모와 자녀가 함께 요리할 때는 역할을 분담하고 협력하여 요리를 완성해야 합니다. 이 과정 속에서 자녀는 협력과 팀워크의 중요성을 배울 수 있고, 가정에서의 협력 문화를 형성할 수 있습니다.

요리는 실생활에서 필요한 기술과 지식을 습득할 수 있는 활동입니다. 부모와 함께 요리를 하면서 자녀는 조리 기술, 식재료의 사용법, 음식의 조절 등을 배울 수 있습니다. 추후 자녀의 독립적인 생활을 위해 꼭 필요한 활동이기도 합니다.

정해진 레시피대로 요리하는 것에서 시작해 자녀는 자신만의 창의적인 아이디어를 발휘할 수 있습니다. 이를 통해 자녀의 창의력과 자기표현 능력을 기르는 데 도움을 줄 수 있습니다.

요리하는 과정에서 가장 중요한 과정은 뒷정리입니다. 자녀들이 뒷정리까지 함께할 수 있도록 약속을 정해 봅니다.

함께 요리하고, 같이 식사하는 과정 속에서 가족의 사랑은 더욱 깊어지고 추억도 쌓이는 귀한 경험을 할 수 있습니다. 가장 빨리 다가오는 가족의 생일부터 바로 시작해 봅시다!

여기서 꿀팁 하나!

저는 2019년에 가지야마 시즈오·이마이 사에코 작가의 책 『식사 순서 혁명』을 읽고 먹는 순서를 바꿨습니다. 책에는 먹는 것은 그대로 먹되, 먹는 순서만 바꾸면 검사 수치가 내려간다고 적혀 있었습니다. 물론 개인의 건강 상태에 따라 결과는 다를 수 있으니,

개인의 선택에 따라 하길 바랍니다.

아주 간단합니다. 딱 이 순서만 지켜서 가족과 함께 식사를 해

보세요.

1. 무조건 채소(버섯류, 해조류 포함)부터 먹는다.
2. 채소 다음은 단백질 반찬(고기, 생선 등)을 먹는다.
3. 밥이나 빵(탄수화물)을 마지막에 먹는다.

5분 이상 꼭꼭 씹으며 천천히 먹는 것이 핵심 포인트입니다.

최고의 식사는

사랑하는 사람들과 나누는 것입니다.

- 인터넷 글

6.
지금부터 우리 레슬링할까?

고 3, 중 3, 중 1 세 딸은 아직 안아 주고 뽀뽀해도 싫지 않나 봅니다. 귀찮아 하는 듯하면서도 살짝 미소를 짓습니다.

사실 딸들이 어릴 때, 제가 마음과 몸의 여유가 없어 사랑한다는 말과 스킨십을 많이 못해 줬습니다. 살짝 여유가 생기고 나니, 딸들은 벌써 많이 커 있었습니다. 하지만 천천히 크고 있는 엄마를 기다려 주는 것인지, 저를 많이 이해해 주네요. 그 덕분에 저는 요즘 좀 더 용기 내어 "사랑한다. 뽀뽀할까?"라는 말을 더 많이 합니다. 딸들이 컸어도, 엄마도 딸이라는 관계는 끈끈한가 봅니다.

부모와 자녀의 놀이는 유대감 형성, 신체 발달, 인지 발달, 감정 조절, 소통 능력 등 다양한 영역에서 긍정적인 효과가 있습니다. 특히 서로의 몸을 맞닿으며 하는 몸 놀이는 신체 활동을 통해 놀이와 학습을 동시에 이루어 낼 수 있습니다. 자녀의 나이가 어릴수록 몸 놀이는 더욱 효과가 있습니다.

몸 놀이는 부모와 자녀 간의 유대감을 강화시키고 정서적으로 연결하는 데 도움을 줍니다. 함께 움직이고 놀면서 서로에게 관심과 애착을 나타내며, 감정적인 연결을 형성할 수 있습니다. 이를 통해 부모와 자녀는 서로를 더 잘 이해하고 믿음과 안정감을 공유할 수 있습니다.

몸 놀이는 신체적인 발달에 긍정적인 영향을 줍니다. 움직이고 뛰며 놀이를 하면서 근육 발달과 운동 능력을 향상시킬 수 있습니다. 또한 몸의 감각을 더욱 발달시키고, 균형 감각과 공간 인식 능력을 향상시킬 수 있습니다.

몸 놀이는 자녀의 인지 능력을 향상시키는 데 도움을 줍니다. 움직이고 놀면서 자연스럽게 문제 해결 능력, 상상력, 창의력을 발휘하고, 집중력과 주의력을 강화시킬 수 있습니다. 또한 몸 놀이는 언어 발달과 사고력 발달에도 긍정적인 영향을 미칩니다.

몸 놀이는 감정 조절과 스트레스 해소에 도움을 줍니다. 움직이고 놀면서 긍정적인 감정을 경험하고, 스트레스를 해소할 수 있습니다. 또한 몸 놀이는 자녀에게 자기표현의 기회를 제공하여 감정을 표현하고 해소할 수 있는 공간을 마련해 줍니다. 특히 몸 놀이를 통해 부모와 자녀 사이에 좋지 않은 감정을 일시에 해소할 수도 있습니다.

몸 놀이를 할 때에는 다음의 사항을 주의해야 합니다.

안전을 최우선으로 고려해야 합니다. 놀이를 할 장소가 안전한지, 위험한 물건이나 장애물이 없는지 확인해야 합니다. 또한 어린이가 다치지 않도록 관찰하고 감독해야 합니다.

몸 놀이를 할 때에는 적절한 장비와 장소를 사용해 부상을 예방할 수 있습니다. 실내나 실외에서 놀이를 할 때에도 항상 안전한 환경을 고려해야 합니다.

자녀의 나이와 발달 수준에 맞는 몸 놀이를 자녀가 직접 선택하도록 하세요. 만약 자녀가 선택한 활동이 위험하다거나 신체 능력과 발달 수준에 맞지 않을 때는 부모가 적절하게 몇 가지 활동을 제시하고 그중에서 자녀가 고를 수 있게 하는 것이 좋습니다. 그 활동을 통해 적절한 도전과 성취감을 경험하도록 해야 합니다.

몸 놀이는 활동적이고 에너지 소모가 많은 활동입니다. 따라서 충분한 수면과 영양 공급을 유지하여 어린이의 체력을 유지하고 건강을 챙겨야 합니다.

몸 놀이는 부모의 참여와 관찰이 필요합니다. 부모는 자녀와 함께 놀이를 즐기고, 안전을 유지하며 자녀의 행동과 반응을 관찰하여 필요한 지원과 도움을 제공해야 합니다. 특히 의욕이 앞선 아버지들의 격한 몸 놀이 활동은 안전을 꼭 고려해서 해야 합니다. 우리에게는 안전이 제일이니까요.

초등학교 4학년 이상의 고학년 자녀는 몸 놀이를 좋아하지 않을 수 있습니다. 이럴 때는 자녀가 선택한 활동을 하루 5분 이내로 정해서 하면 됩니다. 이때는 몸 놀이가 아니더라도 부모와 자녀가 함께 즐겁게 할 수 있는 활동이면 됩니다. 보드게임, 카드 게임 등 자녀가 원하는 활동을 우선적으로 선택하길 권장합니다.

반드시 자녀가 원하는 활동을 하는 것이 핵심입니다!

하루에 15분(사춘기 자녀는 5분), 소중한 자녀를 위해 꼭 투자해 보세요. 만약 학원 스케줄 등의 이유로 하루에 5~15분의 시간이 나지 않는다면, 일주일에 한 번 등으로 일정한 간격의 고정된 일정을 정하길 바랍니다.

놀이는 우리의 뇌가 가장 좋아하는 배움의 방식이다.

- 다이앤 애커먼

7.
아들과 딸

저는 딸만 넷 있는 집의 장녀이고, 신랑은 아들만 둘 있는 집의 차남입니다. 저는 한 번도 아버지를 제외한 남성 가족을 경험하지 못했고, 신랑도 시어머니를 제외하고 여성 가족을 경험하지 못했습니다.

결혼 초, 둘이 서로 맞춰 사는 것도 바쁜데, 가족 문화에 대해 서로를 변화시키려고 맞서면서 다툼이 많았습니다. 『화성에서 온 남자 금성에서 온 여자』라는 제목의 책이 지금까지도 '남녀 관계의 바이블'로 유명한 것처럼, 남자와 여자는 너무나 다른 생물체입니다.

교실에서 경험하는 남학생과 여학생의 성향도 정말 다르기에 다소 다른 접근이 필요합니다. 같은 상황이라도 남학생과 여학생의 해결 방법은 다릅니다.

남학생과 여학생은 생물학적 차이로 인해 신체적으로 다른 발달 과정을 겪습니다. 남학생은 근육 발달이 빠르고 에너지를 많이 쓰는 활동이 필요하며, 여학생은 더 빠른 성숙 속도와 미세한 운동 능력을 보입니다. 따라서 체육 시간에 남학생들에게는 더 많은 신체 활동 기회와 도전을 제공하고, 여학생들에게는 유연성과 조절된 운동 기회를 제공하는 것이 중요합니다.

남학생들은 대체로 더 활동적이고, 경쟁적인 성향을 보입니다. 반면 여학생들은 대체로 감성적이고, 협력적인 성향입니다. 남학생들에게는 목표 지향적인 활동을 도모하고, 여학생들에게는 감정 표현과 협력을 강조하는 활동을 통해 정서적인 성장을 뒷받침할 수 있습니다.

남학생과 여학생은 학습 성향에서도 차이가 납니다. 일반적으로 남학생들은 경쟁적이고 도전적인 학습 환경을 선호하며, 여학생들은 협력적이고 조화롭게 학습하는 환경을 선호합니다. 따라서 교사는 남학생들에게는 명확한 목표와 경쟁 요소를 도입한 학습 활동을 제공하고, 여학생들에게는 협력과 조화를 중요시하는 학습 활동을 적절히 구성하는 것이 좋습니다.

남학생들은 친구들과의 경쟁적인 관계를 통해 사회적인 성장을 이루는 경향이 있습니다. 여학생들은 대화와 협력을 통한 친밀한 관계를 선호하는 경우가 많습니다. 따라서 교사는 남학생들에게는 팀 활동과 경쟁 요소를 도입하여 사회적인 기술을 발전시키고, 여학생들에게는 대화와 협력을 강조하는 활동을 통해 친밀한 관계 형성을 도모할 수 있습니다.

초등학교 고학년이 되면 이차성징이 시작됩니다. 초등학교에서는 체육 시간과 창의적 체험 활동 시간을 통해 성교육을 실시합니다. 성별에 맞는 생리적인 변화와 성별 역할에 대한 이해를 가르치고, 성별에 상관없이 모두가 평등하고 존중받을 수 있는 사회적인 환경을 조성합니다.

성교육 시, 정확한 명칭을 사용하여, 자연스럽게 성교육이 될 수 있게 하는 것이 중요합니다. 또 성별에 관계없이 모든 학생에게 폭력 예방 교육을 실시하여 성폭력과 성적인 괴롭힘을 예방하고 대처할 수 있는 능력을 길러 줘야 합니다. 가정에서 성에 대한 질문과 궁금증, 고민을 자유롭게 나눌 수 있도록 평소에 편안한 분위기를 만들어 주는 것이 중요합니다.

요즘은 남자와 여자를 구분하는 성교육보다는 양성평등적인 성교육을 지향하고 있습니다. 파랑색을 좋아하는 여학생, 핑크색을 좋아하는 남학생이 있는 것처럼 이제는 성별의 차이가 아닌, 개인 취향의 차이를 존중해야 하는 시대입니다. 오늘 저녁, 시간을 내어 이야기를 충분히 나누어 보는 것이 어떨까요?

성별에 관계없이 모두가 자유롭고 동등한 기회를 가져야 한다.
세상은 우리 모두가 함께 만들어 가는 것이다.
- 말라라 유사프자이

8.
나는 칭찬받으러
학교에 간다

교실에서 저는 학교는 "칭찬을 받으러 오는 곳"이라는 이야기를 자주 합니다. 아이들에게 계속 반복해서 이야기하기에 자동적으로 아이들 입에서 자동으로 대답이 나옵니다.

며칠 전 급식에 종이팩 미니 딸기우유가 나왔습니다. 이와 관련해서 우리 반에는 두 가지 규칙이 있습니다. 스스로 열어서 먹을 것, 음료 팩을 납작하게 만들 것.

1학년 꼬맹이들은 저의 예상에 딱 맞게, 종이팩을 손으로 열심히 열어 먹었습니다. 그중 세 아이가 종이팩을 열어 본 적이 없어서 저만 보고 있었습니다. 제가 열어 주면 편할 테지만, 세 아이에게 직접 열어 보라고 이야기했습니다. 종이팩을 찢는 등 오랜 시간이 걸렸지만 세 아이 모두 성공했습니다. 저는 세 아이에게 칭찬을 해주며, 이번에 성공한 느낌을 꼭 기억하라고 이야기해 주었습니다. 얼굴에 뿌듯한 미소를 짓고 있는 세 아이에게 그날은 세상에 태어나 처음으로 우유팩을 직접 뜯어보는 뜻깊은 경험을 한 날입니다.

칭찬은 어떤 사람의 노력, 성과, 능력 등을 인정하고 칭송하는 말이나 행동을 말합니다. 칭찬은 상대방에 대한 긍정적인 평가와 인정의 표현으로서, 상대방의 자존감을 향상시키고 동기부여를 제공합니다.

칭찬은 말로 표현될 수도 있지만, 비언어적인 방법으로도 전달될 수 있습니다. 예를 들어, 환한 미소, 격려의 손길, 친절한 행동 등이 있습니다. 이러한 칭찬은 상대방에게 긍정적인 에너지를 전달하고, 상호 간의 관계를 강화시키는 데 도움을 줍니다.

칭찬은 상대방의 성공이나 행위에 주목하고, 그것을 인정하고 칭송함으로써 상대방에게 긍정적인 영향을 미칩니다. 이는 상대방의 자신감과 자아존중감을 향상시키며, 더 나은 성과를 이루거나 성장할 수 있는 동기를 부여합니다. 또한 칭찬은 사회적인 연결과 소통을 강화시키는 데 도움을 주며, 상대방과의 관계를 더욱 긍정적으로 유지할 수 있도록 돕습니다.

칭찬은 양성적인 피드백을 제공함으로써 개인과 집단의 성과 향상에도 기여합니다. 어린이들의 교육과정에서도 칭찬은 중요한 역할을 합니다. 어린이들에게 칭찬을 통해 잘한 점을 인정하고 격려함으로써 자신감을 키우고, 이를 통해 긍정적인 학습 태도와 성과를 유도할 수 있습니다.

칭찬은 부모가 자녀에게 사용할 수 있는 '최강의 병기'입니다. 초등학교에서 아이들의 성장과 자기 계발을 위한 필수적인 도구입니다. 칭찬은 하면 할수록 효과가 좋습니다. 자녀에게 조금 더 관심을 가지세요. 칭찬할 거리가 무궁무진합니다.

이렇게 좋은 칭찬도 방법을 잘 알고 해야 합니다.

첫째, 결과보다는 과정을 칭찬해야 합니다. 과정 중심의 칭찬을 많이 받아 본 아이는 결과보다는 과정이 중요함을 무의식중에 심을 수 있습니다.

둘째, 칭찬은 즉시 해 줘야 합니다. '인생은 타이밍이다'라는 말이 있듯이 칭찬도 타이밍이 중요합니다. 칭찬받을 일을 한 즉시 칭찬을 하는 것이 가장 좋겠지만, 최대한 빨리 칭찬을 하면 됩니다.

셋째, 칭찬은 공개적으로 하는 것이 효과적입니다. 많은 사람 앞에서 공개적인 칭찬을 하면 자기존중감을 증진시키고, '다음에 더 잘해야지'라는 마음을 가질 수 있습니다.

넷째, 칭찬과 함께 지적을 해야 합니다. 특히 성적에 대한 칭찬을 할 때 틀리거나 고쳐야 할 문제에 대해서도 지적해야 하는 경우가 많습니다. 이때 칭찬 → 지적 → 칭찬의 순서를 지키는 것이 중요합니다.

부모나 선생님에게 받는 칭찬도 효과가 좋지만, 초등학교부터 자기 칭찬을 하는 방법을 알려 주는 것이 중요합니다. 자기 칭찬의 여러 가지 방법을 알려 드립니다.

첫째, 자녀가 스스로에게 긍정적인 말을 건네는 것이 중요합니다. 하루 종일 자신에게 "잘했어!", "너는 대단해!"와 같은 칭찬의 말을 해 보게 하세요. 이렇게 자기에게 긍정적인 말을 하는 것은 자신을 격려하고 자존감을 향상시키는 데 도움이 됩니다.

둘째, 어떤 분야에서 뛰어난 능력이 있다면 그것을 자주 상기시키고 칭찬해 주세요. 예를 들어, '나는 창의적인 아이디어를 내는 데 능하구나'라고 생각하게 하고 인정해 주는 것이죠. 자기 강점을 알고 인정하는 것은 자신을 칭찬하고 자신감을 키우는 데 도움이 됩니다.

셋째, 자신에게 작은 보상을 주는 것도 좋은 방법입니다. 목표를 달성하거나 성과를 이뤘을 때 자신에게 소소한 보상을 주는 방법을 알려 주세요. 예를 들어, 좋아하는 음식을 먹거나 자기만의 특별한 시간을 가져 보는 것입니다. 이를 통해 자신을 칭찬하고 보상하는 것은 자신에 대한 긍정적인 자세를 유지하는 데 도움이 됩니다.

자녀에게 맞는 방법을 스스로 선택하게 하여 자기 칭찬을 실천할 수 있는 방법을 안내해 주세요. 자기를 긍정적으로 인정하고 칭찬하는 습관을 가지면, 더욱 자신감을 키우고 행복한 삶을 즐길 수 있을 것입니다.

자기 자신을 칭찬하는 것은 성공의 첫 번째 단계이다.

- 랄프 왈도 에머슨

9.
일 년마다 가족사진이 생깁니다

결혼을 하고 얼마 되지 않은 어느 날, 개그맨 이홍렬 씨가 매년 가족사진을 찍는다고 이야기하길래 우리 집도 매년 가족사진을 찍기로 결정했습니다. 결혼 1, 2주년에는 남편과 둘이서 촬영하고, 3주년부터는 만삭 사진, 돌 사진으로 태어나는 딸들과 함께 찍기 시작했습니다.

우리 집은 매년 12월이 되면 가족사진을 찍습니다. 그해의 콘셉트를 정해서 옷을 맞춰 입고, 1년에 딱 한 번 풀 메이크업과 머리를 예쁘게 하고 촬영을 합니다. 작년까지 20번째 가족사진을 찍는 신랑부터 12번째 찍는 막내까지 이제는 익숙하게 포즈를 취합니다. 사진을 찍고 맛있는 메뉴를 정해 외식을 하는 것까지가 우리 가족의 1년 중 가장 큰 행사입니다.

우리는 삶의 여러 순간을 기억하고 소중히 간직하며 행복을 느낍니다. 여러 순간 중 가족과 함께한 순간은 가장 소중하고 특별한 추억입니다. 가족사진은 가족의 아름다운 순간을 기록하고 영원히 간직할 수 있는 특별한 수단이 됩니다.

연구 결과에 따르면, 가족사진을 거실에 걸어 두면 청소년 시절 자녀들의 탈선을 막을 수 있다고 합니다. 가족사진을 보면 자녀들은 자신들이 소중하게 사랑받아 온 가족의 일원임을 깨닫게 됩니다. 이를 통해 자신감을 키우고, 가족과의 유대감을 더욱 강화할 수 있습니다.

저희 집 주방 벽에는 가족사진이 10개 정도 붙어 있습니다. 밥을 먹을 때마다 10년의 가족사진을 보며 함께한 순간들을 이야기하면서 흐뭇한 기분을 느낄 수 있습니다.

가족사진은 단순히 사진 한 장이 아닌, 가족의 사랑과 추억이 담긴 작품입니다. 매년 가족사진을 찍으면서, 우리는 가족과 함께한 소중한 순간들을 기록하고 이어 갈 수 있습니다. 아이들은 자신들이 성장하고 변화하는 모습을 가족사진을 통해 확인함으로써 자신감을 키우고, 가족과의 유대감을 더욱 깊게 느낄 수 있습니다

초등학생 자녀를 둔 가정에서는 가족사진을 연례행사로 삼아 자녀에게 가족의 중요성과 유대감을 더욱 깊게 인식시킬 수 있습

니다. 가족이 함께 모여 가족사진 촬영을 계획하고 미리 날짜를 정해 두면 자녀들은 그날을 기대하며 가족 행사에 참여할 준비를 할 수 있습니다. 가족사진 촬영 콘셉트를 정하는 과정에서 가족 구성원들의 의견을 수렴하고 자녀들의 참여도 독려하는 것이 좋습니다. 이렇게 함께 의사결정을 내리고 행동하는 과정은 가족 사이의 소통과 협력을 촉진시키며, 가족의 유대감을 더욱 강화시킬 수 있습니다.

첫째 아이부터 막내 아이까지 연도별 가족사진 촬영 담당을 정해서, 함께 가족사진을 만들어 나가는 행사로 만들어 보는 것은 어떨까요? 가족사진 촬영 담당일 때 완성된 가족사진을 보며, 자녀들은 나름의 성취감을 느낄 수 있을 것입니다.

소중한 주변 지인들에게 저는 1년에 한 번 가족사진을 찍어 보라고 강력하게 추천합니다. 저의 이야기를 듣고 꾸준하게 찍는 후배는 정말 찍기를 잘했다고 이야기합니다. 내년부터 가족사진 찍어 보길 바랍니다.

사진은 95%의 기술과 5%의 영혼으로 만들어진다.
- 김중만

〈 part 4 〉

놀면서 큰다

1.
놀면서 큰다

놀이

1. 여러 사람이 모여서 즐겁게 노는 일. 또는 그런 활동

2. 일정한 규칙 또는 방법에 따라 노는 일

우리 반은 아침 청소를 하고 난 후 20분 동안 의자 체조, 구구단 송, 교과 학습과 관련한 율동을 합니다. 노래를 신나게 부르고, 앉아서 하는 의자 체조, 일어나서 하는 체조로 땀을 내고 나면, 아이들은 좀 더 긍정적인 분위기에서 하루 공부를 시작합니다.

신체 놀이는 운동을 통해 아이들의 뇌 활동을 촉진시킵니다. 운동은 뇌의 혈류를 증가시키고 인지 능력을 향상시키는 데 도움을 줍니다. 따라서 운동을 통한 신체 놀이는 아이들의 뇌 기능을 개선시켜 공부에 도움을 줄 수 있습니다.

신체 놀이를 통해 자유롭게 움직이는 것은 아이들의 집중력과 주의력을 향상시킬 수 있고, 스트레스를 감소시키고 긍정적인 기분을 유지하는 데 도움을 줄 수 있습니다.

신체 놀이는 아이들에게 다양한 학습 경험을 제공합니다. 체육 수업을 통해 아이들은 협력, 리더십, 문제 해결, 균형 유지 등의 기술을 배우고 발전시킬 수 있습니다. 이는 공부에 있어서도 다양한 관점과 능력을 갖추어 문제 해결과 창의적인 사고를 촉진시킬 수 있습니다.

우리 반의 경우 하루에 한 번은 10분간 나가서 바깥 놀이를 하고 와야 합니다. 성향에 따라 바깥 활동보다는 실내 활동을 좋아하는 아이가 있습니다. 하지만 아이들은 신체 활동이 필요한 나이입니다. 바깥 놀이를 안 하고 싶다는 아이가 간혹 있는데, 선생님의 으름장에 못 이겨 친구들과 함께 바깥 놀이를 나갔다 오면 아이는 씩 웃으며 "선생님, 너무 재밌었어요"라고 말합니다. 기대하지 못한 놀이의 소득이 있었던 것이지요.

어른들 말씀에 "아이는 놀면서 큰다"는 말이 있습니다. 친구들과 이야기하고 몸을 부딪치는 과정에서 함께 몸도 마음도 자랍니다. 방과 후와 주말을 활용해 친구들과 바깥에서 햇빛을 받으며 많이 놀 수 있도록 우리 어른들이 분위기를 만들어 줘야 합니다. 길게 보면 학교와 학원에서 배우는 머리를 채우는 공부보다 가슴을 채우는 놀이 공부가 아이들의 인생을 풍요롭게 해 줍니다.

놀이는 아이들이 그들의 문제를 해결하는 자연스러운 방법이다.
- 자넷 랜스베리

2.
놀면서 이기는 능력도 키운다

창의력

새로운 것을 생각해 내는 능력

전략적 사고

특정한 목적을 달성하는 데 필요한 방법, 기술, 책략 따
위에 대한 생각이나 계획

20명이 넘는 아이들 중에서도 특별한 아이들이 있습니다. 그
아이들은 생각하는 방법이 특별합니다. 수학 문제를 풀 때도 친구
들과 다른 방법으로 풀이를 합니다. 미술 시간에 만들기를 할 때도,
생각이 특별한 아이들은 자신만의 독특한 작품을 만들어 냅니다.
이때까지 없던 것들을 만들어 내고, '이건 이렇게 만들어야 해'라는

일반적인 생각에서도 벗어나는 행동이지요.

요즘 기업들은 기업에 맞닥뜨린 문제를 제대로 파악하고 창의적으로 해결할 수 있는 사람을 직원으로 고용합니다. 창의력은 학습으로 만들어지지 않습니다. 창의력은 자유로운 놀이와 탐구, 문제 해결 활동, 예술 활동, 다양한 경험 등으로 키울 수 있습니다.

우리 아이들은 장난감이 없어도 혼자 갑 티슈를 뽑으며 놉니다. 아이들에게 생활은 놀이의 현장입니다. 술래잡기를 해도, 아이들은 친구들과 규칙을 만들어 내며 놉니다. 원래 4명만 참여할 수 있는 놀이인데 5명이 모이면, 규칙을 다시 바꿔서 놉니다. 어른들은 규칙을 바꿀 생각도 못할 텐데, 아이들은 규칙을 만들어 더 즐겁게 놉니다.

놀이 속에서 창의력을 키울 수 있습니다. 자녀에게 놀이를 할 때, 좀 더 다르게 특별하게 놀 수 있음을 알려 주세요. 친구들과 평소와는 다른 놀이를 할 수 있도록 격려해 주세요. 단, 놀이 규칙을 바꿀 때는 친구들과 의논을 꼭 하고 난 뒤 변경할 수 있다고 알려 주세요.

놀이 속에는 승패가 있습니다. 아이들은 이기기를 원합니다. 반별 피구 대회를 할 때는 1시간씩 미리 작전 회의를 하고 갑니다. 모두 이기고자 하는 마음이 표현되는 행동들입니다. 피구 작전 회의를 통해, 공격수의 위치, 수비수들의 대응 방법 등을 반 친구들의 머리를 모아 전략적으로 계획합니다. 그리고 상대반의 에이스 선수의 운동 성향과 전략을 미리 예상합니다.

'상대를 알고, 전쟁에 임하면 백전백승'이라고 했습니다. 전략을 계획하고, 반별 피구 대회에 참여할 때는 이미 마음가짐부터 다릅니다. 미리 짠 전략을 생각하며, 이기기 위해 온 힘을 다하는 것이죠.

여기서 더 중요한 점 한 가지를 알려 드립니다. 놀이나 경기에서 졌을 때, 이긴 팀을 진심으로 축하해 줘야 합니다. 그다음 어떻게 하면 이길 수 있을 지에 대한 피드백을 꼭 해 보도록 이야기해 주세요.

놀이는 어른의 업무라고 생각하면 됩니다. 파트너와 협업하듯 친구와 함께하고, 이기기 위해 전략을 짭니다. 놀이 후 피드백을 통해, 다음의 놀이에 이길 수 있는 디딤돌을 마련합니다.

아이들의 영원한 친구 뽀통령 뽀로로는 "노는 게 제일 좋아"라고 말합니다. 아이들도 노는 것을 가장 좋아합니다. 인생을 배우고, 두뇌를 좋게 하고, 신체를 건강하게 하면서 스트레스 풀기에 안성맞춤인 놀이는 아이들에게 필수입니다. 시간이 날 때마다, 아니 시간을 만들어서라도 놀 수 있도록 부모님이 아이들에게 마음을 내어 주길 바랍니다.

놀이는 창조적 과정의 열쇠이다.
- 피터 그레이

3.
엄마, 게임이 e-스포츠래요!

e-sport, e-스포츠, Cyber Sports
컴퓨터 통신이나 인터넷을 통해 겨루는 게임의 총칭

제가 어릴 적, 문방구 앞에는 빨갛고 파란 스틱이 달려 있는 게
임기가 있었습니다. 그 앞에는 아이들이 정말 많이 모여 있었습니
다. 오락실의 '테트리스'와 비행기 게임인 '갤러그'도 인기가 많았습
니다. "뿅" 하며 테트리스 조각이 사라지는 그 소리는 지금 생각해
도 참 짜릿합니다.

2020년 기준, 국내 프로 게이머 중 최고액 연봉자는 연봉 50억
원을 받는 이상혁 선수입니다. 이상혁 선수는 게임을 할 때 사용하
는 닉네임인 '페이커'로 더 유명합니다. 이상혁 선수를 보며 많은 청

소년은 프로 게이머가 되고 싶어 합니다.

게임을 좋아하는 사람이 많아지고, 프로 게이머가 되기를 희망하는 사람이 늘어나면서 자연스럽게 프로 게임단이 만들어졌습니다. 높은 상금이 걸린 게임 대회, 게임 방송국들이 생기면서 대기업들의 투자도 들어오기 시작했습니다. 그러면서 2000년부터 컴퓨터 게임이라는 이름 대신 'e-스포츠'라는 공식 용어로 바꿔 부르기로 했습니다.

그렇다고 모든 게임이 e-스포츠 종목이 되는 것은 아닙니다. 우리나라는 '한국e-스포츠협회(KeSPA)에서 인정하는 게임만 e-스포츠라고 부를 수 있습니다. e-스포츠 종목이 되려면 유저가 충분히 많고, 일정한 규모를 갖춘 대회가 정기적으로 열려야 하는 등의 충족시켜야 할 몇 가지 조건이 있습니다.

IMF 외환 위기로 퇴사한 사람들이 PC방을 창업하던 때였던 1998년에 출시된 '스타크래프트' 게임의 열풍으로 PC방의 개수가 폭발적으로 증가했습니다. 한국에서의 전설적인 스타크래프트 판매량은 우리나라의 e-스포츠가 만들어지는 디딤돌이 되었습니다. 그 뒤로 우리나라는 e-스포츠의 종주국이라고 불릴 만큼 게임 산업이 기하급수적으로 발전했습니다.

e-스포츠의 월드컵이라고 하는 롤드컵은 올림픽 개막전을 능가하는 시청률이 나올 만큼 인기가 많습니다. e-스포츠 산업은 프로 게이머, 프로 게이머 팀 감독, 게임 프로그래머, 맵 제작자, 게임 시나리오 작가, 게임 사운드 크리에이터, 게임 그래픽 디자이너 등의 새로운 직업을 만들어 내며, 우리나라 산업에 미치는 경제적 파급효과가 2017년 기준으로 2,200억 원 이상이라고 합니다.

게임은 만들 때부터 아이템, 현실에서는 경험할 수 없는 성취감, 레벨 업, 사용자들끼리의 경쟁심을 유발하게 하는 순위표 등을 이용해, 사용자가 게임에 빠질 수밖에 없도록 만들어 냅니다. 청소년들이 한 번 시작한 게임에 빠지는 것은 어쩔 수 없는 일인 것이지요. 이 게임과 비슷한 생태계를 가진 것이 유튜브, 인스타, 틱톡 등의 SNS입니다.

요즘 부모님과 자녀와의 다툼의 가장 큰 원인은 남학생은 스마트폰 게임, 컴퓨터 게임, 여학생은 유튜브 등의 SNS일 것입니다. 만화영화 〈톰과 제리〉처럼 엄마는 못하게 하고, 아이들은 계속하려고 하고, 그렇게 서로가 서로를 못 잡아먹어 안달인 것입니다.

우리 아이들은 학교를 마치면 학원에서 학원으로 옮겨 다니는 짬짬이 스트레스를 게임과 SNS로 풉니다. 소통도 친구들과 게임과 SNS로 합니다. 만약 무조건 부모님이 게임과 SNS를 못하게 하면, 아이들은 스트레스를 풀 수 있는 통로와 소통의 통로가 막히게 됩니다. 그러면서 친구와의 소통에 더 큰 어려움이 생길 수도 있습니다.

무조건 막는 것이 정답은 아닙니다. 게임이 자녀들의 건전한 여가 활동이 될 수 있다고 생각하고, 가족과 함께 게임을 즐기는 것도 좋겠습니다. 또 자녀들이 자신의 할 일을 다 해 놓고, 시간을 정해서 할 수 있도록 충분한 대화를 나누어 보세요.

컴퓨터게임은 우리에게 새로운 친구를 만들고,
세계 각지의 사람들과 연결해 주는 다리입니다.
– 에릭 존슨

컴퓨터게임은
우리가 현실에서는 경험할 수 없는 모험과 역할을
즐길 수 있는 플레이 그라운드입니다.
– 로빈 허니웰

〈 part 5 〉

우리 아이의
기질 유형은?

저도 세 딸을 키우지만, 한 배에서 나왔음에도 셋 다 각자 다른 기질을 가지고 있습니다.

교실에서도 상황은 똑같습니다. 같은 상황이라도 우리 반 아이들이 하는 행동과 말이 다 다릅니다. 똑같은 상황이 생기더라도 자녀들은 각기 다른 방식으로 그 상황을 해결한다는 뜻입니다.

기질은 아이의 성격과 행동을 결정하는 중요한 요소입니다. 아이들은 다양한 기질 유형에 속할 수 있으며, 각각 다른 특성과 성향을 가지고 있습니다. 아이의 기질에 맞는 양육 방법을 선택하는 것은 그 아이의 성장과 발달에 큰 영향을 미칩니다.

첫째, 기질에 따른 양육 방법의 차이는 아이의 성격 특성을 고려하기 때문입니다. 외향적이고 활발한 아이는 적극적으로 사회적인 활동을 할 수 있도록 지원해야 합니다. 그들에게는 친구들과 함께하는 활동이나 스포츠 등의 활발한 활동이 적합합니다.

반면에 내향적이고 조용한 아이는 개인 시간을 존중하고, 그들이 편안하게 자신을 표현할 수 있는 환경을 제공해야 합니다. 이러한 차이를 이해하고 적절한 방법으로 아이를 양육함으로써, 그들의 성장과 발달을 지원할 수 있습니다.

둘째, 기질에 따른 양육 방법의 차이는 아이의 학습 스타일을 고려하기 때문입니다. 감각형 아이들은 실제 경험을 통해 배우는 것을 선호하며, 시각적인 자극에 민감합니다. 이들에게는 실험이나 체험 활동을 통한 학습이 효과적입니다.

반면에 직관형 아이들은 개념을 이해하고 추상적인 사고를 선호합니다. 이들에게는 문제 해결이나 토론을 통한 학습이 효과적입니다. 기질에 맞는 학습 방법을 제공함으로써 아이들이 더욱 흥미롭고 효과적으로 학습할 수 있습니다.

마지막으로, 기질에 따른 양육 방법의 차이는 아이의 성장과 자아 발전을 지원하기 위함입니다. 각각의 기질 유형은 아이의 감정 표현 방식과 대처 방식에 영향을 미칩니다. 예를 들어, 외향형 아이들은 친구와의 관계를 통해 자신을 발전시키고, 적절한 도전을 통해 자신감을 키워 나갑니다.

반대로 내향형 아이들은 자신의 내면과 깊이 있는 대화를 통해 자아를 발전시키고, 안정적인 환경에서 자신을 표현할 수 있는 기회를 제공해야 합니다. 기질에 맞는 양육 방법을 통해 아이들이 자신을 발전시킬 수 있는 기회를 얻을 수 있습니다.

대한민국에서 처음 만나 이야기를 나눌 때 약방의 감초처럼 빠지지 않는 질문은 각자의 MBTI 성향에 대한 내용입니다. MBTI는 자녀들의 성격 특성을 이해하는 데 도움을 줄 수 있는 유용한 도구입니다. 개인의 성격은 다양하고 유연하기 때문에 MBTI 결과를 바탕으로 자녀와의 개별적인 관찰과 대화가 필요합니다. 관찰과 대화를 통해 우리는 자녀와 깊은 관계를 형성하고, 적절한 양육 방법을 선택하는 데 도움을 받을 수 있습니다.

저는 대중적인 MBTI에 컬러넘버 수비학을 함께 적용하고 있습니다. 컬러넘버 수비학은 양력 생일로 사람의 기질을 살펴보는 학문입니다. 고대 그리스의 철학자이자 수학자인 피타고라스에 의해 발전된 학문이기도 합니다.

색상은 그 색깔만의 메시지가 있습니다. 색과 숫자의 파장을 융합해 개인의 자세나 삶의 방법을 메시지로 나타내는 것으로, 인생의 설계도와 같다고 할 수 있습니다.

고대부터 수비학이라는 학문으로 발전해 온 숫자도 각각의 파장과 메시지가 있습니다. 컬러넘버는 컬러와 숫자의 파장을 융합하여 개인의 존재의 가치와 인생의 방식을 알려 줍니다. 어느 컬러와 숫자가 특별히 더 좋지는 않습니다. 자신의 성향을 토대로 개성 넘치는 삶을 스스로 만들 수 있는 도구로 사용할 수 있습니다.

양력 생일로 가족 구성원의 고유의 숫자를 알아보고, 자신의 컬러를 찾아서 실생활에서 활용해 보는 것을 추천해 봅니다. 가족 각자의 숫자와 컬러를 존중하면서 서로 화합할 수 있는 방법을 찾아보는 것도 좋습니다.

자기 고유의 숫자를 알아보세요.
컬러넘버 산출방법을 알려드립니다.
여기서 생일은 양력생일로 계산해야 합니다.

1. 타고난 기본이 되는 자질이나 능력, 역할을 나타내는 수
   - 구하는 방법 : 생년월일 모든 숫자를 1자리 숫자가 될 때까지 더하기
     예)1999년 3월 17일은 타고난 기본이 되는 능력의 수는 3입니다.
     1+9+9+9+0+3+1+7=39 / 3+9=12 / 1+2=3

2. 인생에 있어서 목표로 하는 삶의 방식을 나타내는 수
   - 구하는 방법 : 월과 일의 숫자를 1자리 숫자가 될 때까지 더하기
     예) 1999년 3월 17일은 인생의 목표로 하는 삶의 방식의 수는 2입니다.
     0+3+1+7=11 / 1+1=2

3. 과거로부터 계승하고 있는 자질이나 능력을 나타내는 수
   - 구하는 방법 : 태어난 날의 숫자를 1자리 수가 될 때까지 더하기
     예) 1999년 3월 17일은 과거로부터 계승하고 있는 능력의 수는 8입니다.
     1+7=8

숫자	컬러	특징을 나타내는 단어
1	레드	시작, 성실, 정의감, 독립, 자립, 책임감 등
2	블루	이원론, 나눔, 융합, 사고력, 인간관계, 가정적 등
3	오렌지	호기심, 즐거움, 변화, 사교력, 낙천적, 건설적 등
4	블루그린	자존심, 질서, 합리적, 신중, 성실, 변동없음 등
5	레드오렌지	특별함, 유연성, 가능성, 호기심, 모험, 도전정신 등
6	옐로그린	유연성, 협조성, 봉사, 평화, 헌신적, 성실 등
7	터콰이즈	독창적, 자율적, 독립, 직관력, 관찰력 등

8	그린	정의감, 정직, 실행력, 무한의 에너지 등
9	인디고	끝과 시작, 참신, 박식, 수용, 휴머니스트 등
11	퍼플	직관력, 개혁, 휴머니스트, 우주적인 깨달음 등
22	옐로우	무한, 밸런스, 조화, 호기심, 유능, 직감 등
33	마젠타	서포트, 무조건적인 사랑, 신뢰관계 등

우리는 모두 다른 색깔과 기질을 가지고 있지만,

그것이 우리를 특별하게 만든다.

– 월트 디즈니

〈 part 6 〉

잠재의식의 힘

1.
잠재의식에 문 두드리기

잠재의식이란 의식이 접근할 수 없거나 부분적으로밖에 의식되지 않는 정신 영역을 말합니다. 사람의 의식은 현재 의식과 잠재의식으로 나누어져 있습니다. 잠재의식은 사람의 심장박동과 혈액순환을 통제하며 소화, 동화, 배설 등을 조절할 수 있고, 결코 잠자거나 쉬는 일이 없이 24시간 언제나 작동하고 있습니다. 그리고 사람의 내면에는 그 자신의 지성보다 훨씬 뛰어난 지성과 힘을 가진 잠재의식이 자리하고 있습니다.

미국의 사상가 랠프 월드 에머슨은 이렇게 이야기합니다. "사람은 하루 종일 자신이 생각하는 바로 그것이다." 이 이야기는 자신이 생각하는 대로 내가 만들어지고 있다는 이야기입니다.

잠재의식에 생각을 넣기에 가장 좋은 시간은 잠자기 직전과 기상 직후입니다. 이 시간에 우리의 잠재의식은 더욱 수용력이 높아지고, 외부의 영향을 받지 않는 조용하고 평온한 상태에 있기 때문입니다.

잠자기 직전에는 우리의 의식적인 사고가 점차적으로 감소하고, 잠재의식이 더욱 두드러지게 나타납니다. 이때 우리는 하루 동안 경험한 것들을 잠재의식에 담아낼 수 있습니다. 잠들기 전에 긍정적인 생각, 목표 설정, 감사의 마음 등을 잠재의식에 심어 두면, 그 영향을 자연스럽게 받아들이고 다음 날에 긍정적인 에너지와 동기부여를 얻을 수 있습니다.

기상 직후에도 잠재의식은 여전히 활성화된 상태입니다. 잠든 동안 우리의 무의식은 계속해서 작용하며, 잠을 깨고 일어나면서 잠재의식이 의식적으로 떠오르는 경우가 많습니다. 이때 우리는 꿈이나 아이디어, 창의적인 해결책 등을 잠재의식에서 받아들일 수 있습니다. 기상 직후에는 이러한 잠재의식의 영향을 활용하여 일상의 문제를 해결하거나 창의적인 작업에 도전할 수 있습니다.

소중한 자녀와 함께 잠자기 직전에 오늘 하루 동안의 성공적인 경험과 내일의 목표를 이야기하면서 자녀의 잠재의식에 담아 두는 시간을 가지면 좋습니다.

'오늘 나는 어떤 일을 잘 해냈고, 내일은 어떤 목표를 이루고 싶을까?'라는 생각을 잠재의식에 심어 두면, 잠을 자는 동안에도 잠재의식은 자동으로 목표를 향해 노력하게 될 것입니다.

기상 직후에는 잠재의식이 여전히 활성화된 상태이기 때문에, 일어나서 바로 눈을 감고 긍정적으로 자기 대화를 해 보는 것이 좋습니다. 켈리 최 작가의 『웰씽킹』에 실려 있는 '어린이 확언'을 소리 내어 읽어 보는 방법도 추천합니다. 일어나서 바로 스마트폰이나 컴퓨터와 같은 디지털 기기를 사용하지 않고 조용하고 평온한 분위기에서 확언을 하는 것이 잠재의식에 긍정적인 영향을 심어 줄 수 있습니다.

습관으로 자리 잡으려면 시간이 걸리겠지만, 취침 직전과 기상 직후의 시간을 활용하여 긍정적인 생각, 목표 설정, 자기 성찰, 창의적인 아이디어 등을 잠재의식에 심어 두면, 우리 자녀는 더욱 풍요로운 삶과 성공적인 경험을 얻을 수 있을 것입니다.

생각은 현실이 됩니다.
마음속으로 그것을 보게 된다면, 손으로 잡게 될 것입니다.
- 밥 프록터

2.
부모의 그릇만큼 큰다

3월 상담 주간이 되어 학부모님이 오시면 자녀와 너무 똑닮은 모습에 깜짝 놀라곤 합니다. 평소에 아이들이 하는 말, 행동 등이 붕어빵처럼 닮아도 너무 닮아 있습니다.

우리 아이들은 주변 환경의 영향을 많이 받습니다. 함께 생활하고 있는 부모의 생각, 습관, 생활 태도 등에 가장 많이 영향을 받는다고 할 수 있지요.

평소 생활 습관뿐만 아니라 부모의 정서적 환경은 자녀의 성장과 진로 선택에 큰 영향을 미칩니다. 긍정적인 부모의 모델링과 지원은 자녀의 자아 발전과 자기 결정력을 향상시키는 데 도움을 줄 수 있습니다. 반대로 부모의 제한적인 기대와 부정적인 태도는 자녀의 발전을 억압할 수 있습니다.

부모의 일상적인 습관은 자녀의 행동과 태도에 큰 영향을 미칩니다. 부모가 긍정적인 습관을 가지고 있다면, 자녀도 긍정적인 행동과 태도를 형성할 가능성이 높습니다. 예를 들어, 부모가 책을 읽고 학습하는 습관을 가지고 있다면, 자녀는 부모의 모습을 보고 독서와 학습에 대한 긍정적인 인상을 받을 수 있습니다. 훗날 자녀는 독서와 학습을 즐기며 자기 계발에 힘쓰는 인생을 살아가는 확률이 높아집니다.

그러나 부모가 부정적인 습관을 가지고 있다면, 자녀도 부정적인 행동과 태도를 형성할 가능성이 있습니다. 일상적으로 TV 시청이나 게임에 많은 시간을 소비하는 부모를 보고 자란 자녀는 TV 시청이나 게임에 대한 의존성이 높아집니다. 이는 자녀의 학습 태도와 책임감 부족을 초래할 수 있습니다.

자녀를 크게 키우려면 부모의 그릇이 먼저 커져야 합니다. 부모의 그릇을 키우기 위해서는 자녀와의 소통과 이해가 필요합니다. 또 자녀의 노력과 성과를 인정하는 격려가 필요합니다. 자녀에게 올바른 행동과 가치를 실천할 수 있는 기회와 원칙을 제공해야 합니다.

자녀에게 긍정적인 태도와 사랑, 이해를 보여 주며, 자아 발전을 위한 자유로운 환경을 조성함으로써 자녀는 부모의 그릇만큼 큰 세계에서 자신만의 길을 찾아갈 수 있을 것입니다.

신생물학의 선구자 브루스 립튼 박사는 만 7세 이전에 부모와 형제를 관찰하면서 소프트웨어를 통째로 다운로드받는다고 이야기합니다. 7세 이전에 확립된 잠재의식(소프트웨어)은 인생을 살아가는 근간이 됩니다.

또 아이들의 뇌는 정보에 대한 분별력이 확립되지 않았기에 부모의 한마디, 행동 하나하나가 잠재의식에 들어가기가 쉽습니다. 잠재의식은 꿈과 행동을 실현하는 데 아주 막강한 영향력을 끼칠 수 있습니다. 부모의 그릇이 중요한 이유는 부모의 그릇만큼의 생각와 기대, 생활 습관 등이 자녀의 잠재의식에 그대로 반영되기 때문입니다.

부모의 잠재의식이 그대로 자녀의 잠재의식으로 전해진다.

- 칼 융

3.
명상의 힘

명상은 옛 동양의 종교와 철학에서 시작되었지만, 현대에는 종교적인 요소 없이도 다양한 목적과 장점을 가진 심리적인 실천법으로서 널리 알려져 있습니다. 명상은 마음과 정신을 집중하고, 내면의 평화와 조화를 찾는 심리적인 수단입니다. 이는 의식적으로 사고를 가라앉히고, 현재의 순간에 집중하여 내면의 안정과 깨달음을 이루는 과정입니다. 일상이 바빠 몸과 마음이 지친 현대인을 위한 명상이 강조되고 있지만, 초등학생에게도 명상은 다양한 효과가 있습니다.

첫째, 명상은 초등학생들에게 집중력과 주의력을 향상시키는 효과가 있습니다. 초등학생들은 학업과 다양한 활동에 참여하면서 많은 정보를 받아들여야 합니다. 명상은 마음을 집중시켜 주변의 자극에 쉽게 흔들리지 않도록 도와줍니다. 초등학생들이 명상을 통해 내면의 조화를 찾고 집중력을 향상시키면, 학습 능력과 성적 향상에 긍정적인 영향을 줄 것입니다.

둘째, 명상은 초등학생들의 감정을 안정시키고 스트레스를 해소하는데 도움을 줍니다. 명상은 마음을 진정시키고 긍정적인 감정을 유지하는데 도움을 줌으로써 학업 부담과 친구 관계 등의 스트레스를 효과적으로 해소할 수 있습니다.

셋째, 명상은 초등학생들의 자기 인식과 감정 조절 능력을 향상시킵니다. 명상을 통해 내면의 조화를 찾고 명확한 인식을 갖게 되면, 자기 자신을 더 잘 이해하고 인정할 수 있습니다. 또한 감정을 조절하고 통제하는 방법을 배우면서 긍정적인 태도와 자기 조절 능력을 키울 수 있습니다.

초등학생들이 할 수 있는 명상 방법은 다양합니다.

첫째, 호흡 명상입니다. 호흡 명상은 가장 기본적이고 효과적인 명상 방법 중 하나입니다. 초등학생들은 편안한 자세로 앉아서 눈을 감고, 깊게 들이마시고 천천히 내쉬는 호흡에 집중합니다. 호흡에 집중하면서 흘러가는 생각이나 감정을 지켜보면서 조용하고 안정된 상태를 유지합니다.

둘째, 상상력을 활용한 명상입니다. 초등학생들은 생생하고 화려한 상상력을 가지고 있으므로, 이를 활용한 명상이 효과적입니다. 학생들은 자신이 좋아하는 장소나 상상 속의 이야기를 떠올리며 그 속에서 편안하고 평화로운 느낌을 받습니다. 이를 통해 마음을 안정시키고 긍정적인 감정을 느낄 수 있습니다.

셋째, 명상 음악을 청취하는 방법입니다. 초등학생들은 음악에 대한 관심과 감성이 풍부하므로, 명상 음악을 청취하는 것도 좋습니다. 편안한 자세로 앉아서 명상 음악을 들으며 마음을 집중시키고 긍정적인 감정을 느낄 수 있습니다. 조용하고 평화로운 음악이나 자연 소리, 피아노 연주 등을 선택할 수 있습니다.

넷째, 명상 앱이나 동영상 활용하는 방법입니다. 인터넷에는 초등학생들을 위한 명상 앱이나 동영상이 많이 있습니다. 이러한 자료들을 활용하여 초등학생들은 명상을 실천하고 안내받을 수 있습니다. 앱이나 동영상은 시각적인 자극과 안내 음성을 통해 명상을 도와줍니다.

작년에 4학년들을 대상으로 아침 시간에 3분 동안 음악을 듣고, 눈을 감고 있는 명상을 6개월간 꾸준히 했습니다. 명상을 하면서 학생들은 명상을 하기 전보다 차분해졌고, 수업 시간에 집중도 잘 된다고 이야기를 했습니다.

가정에서도 잠깐의 시간을 내어 가족과 함께 명상을 하면 집중력, 감정 조절, 스트레스 관리 등 다양한 이점을 얻을 수 있을 것입니다.

마음이 먼저 평화로워지면 세상도 평화로워집니다.

- 마하트마 간디

우주 선물 당첨!

1.
나는 우주 선물을 받는다

제가 우리 반 아이들에게 자주 하는 말이 있습니다.

"착하게 살면 우주 선물을 받을 수 있어."

"친구들이 선생님께 칭찬받을 때, 내 일인 것처럼 박수를 치고 축하를 해 주면, 우주 선물을 받을 수 있어."

"우주 선물은 랜덤이야. 그 우주 선물 안에는 하리보 젤리가 하나 들어가 있을 수도 있고, 강남의 건물 하나가 들어가 있을 수도 있어."

우리 반 아이들에게 남이 보지 않아도 스스로 착하게 살고, 친구들을 위해 축하하면 복이 들어온다는 뜻으로 하는 이야기입니다.

착하다

언행이나 마음씨가 곱고 바르며 상냥하다.

선한 영향력
긍정적이고 도덕적인 가치를 전파하며 다른 사람들에게 긍정적인 변화를 주는 힘

초등학교에서 배우는 도덕 교과는 학생들에게 윤리적인 가치와 도덕적 행동에 대한 이해를 제공하고, 긍정적인 윤리적 가치관을 형성하도록 돕는 교과 과목입니다. 초등학교 1, 2학년에는 통합 교과인 '바른 생활'을 배우고 3~6학년에는 '도덕'을 배웁니다. 도덕 교과는 학생들이 사회적으로 책임감을 가지고 행동하고, 타인과의 관계에서 상호 존중과 협력을 배우는 데 중점을 두고 있습니다. 도덕 교과의 주요 내용은 윤리적 가치 교육, 예절과 사회적 규범 익히기, 도덕적 판단력과 윤리적 선택, 도덕적 이야기와 사례 나눔, 도덕적 리더십과 시민 의식 등입니다.

초등학교부터 도덕 교과를 통해 우리는 착하게 사는 법을 배웁니다. 학교에서 배운 '착하게 사는 법'은 우리에게 어떤 영향력을 줄까요?

착한 행동을 통해 개인은 긍정적인 관계를 형성하고, 주위의 신뢰와 협력을 얻을 수 있습니다. 긍정적인 영향력을 행사하며, 자아 존중과 성취감을 얻을 수 있습니다. 또한 사회적인 지원과 기회를 더 많이 받을 수 있어 개인의 성공과 행복을 더욱 증진시킵니다. 이러한 이유들로 인해 우리는 착한 가치와 행동을 실천함으로써

개인적인 행복과 성공을 이루는 데에 큰 도움을 받을 수 있습니다.

선한 영향력을 가진 사람들은 자신의 행동과 태도를 통해 사회적으로 긍정적인 가치를 전파합니다. 모범적인 도덕적 행동으로 다른 사람들의 삶을 더 나은 방향으로 이끌어 가는 중요한 역할을 수행합니다. 또 자신의 경험과 지식을 나누고, 격려와 조언을 통해 다른 사람들의 성장과 발전을 도모합니다. 선한 영향력을 가진 사람은 다양한 배경과 의견을 포용하며, 이해심을 가지고 대화하고 협력합니다. 갈등을 조정하고 해결하며, 조화롭고 상호 존중적인 관계를 구축합니다.

옛 어른들 말에 "착한 끝은 있어도, 악한 끝은 없다", "관상은 심상만 못하고 심상은 덕상만 못하다"라는 말이 있습니다. 착하게 사는 것은 어렵지 않습니다. 아픈 친구의 짐을 들어 주고, 마음이 힘든 친구의 이야기를 들어 주면 됩니다.

생활 속에서 쉽게 실천할 수 있는 일들을 자녀와 대화를 통해 찾아 보세요. 착하게 살면 개인뿐 아니라 사회에도 긍정적인 선한 영향력을 미칠 수 있음을 꼭 알려 주세요. 자녀가 살아가는 데 큰 힘이 될 것입니다.

당신이 바꾸고자 하는 세상이 되어라.

- 마하트마 간디

2.
감사하면 성공한다

교실에서 "전체 일어서"라는 구령을 할 때가 있습니다. 그때 우리 반 아이들은 "땡큐"라고 말하며 일어납니다. '감사'라는 단어가 입에 착착 달라붙게 하고 싶어서 아이들에게 그렇게 하자고 했습니다. 제 마음을 이해했는지, 우리 반 아이들은 학교생활을 하면서 "감사합니다"라는 말을 자주 합니다.

딸들과 함께 차를 운전해서 고속도로 톨게이트를 지나가면 직원분께 "감사합니다"라고 인사를 합니다. "감사합니다"라는 말을 들은 직원분의 얼굴에는 미소가 지어집니다. 그리고 우리 가족도 함께 행복해집니다.

실제로 딸들이 어렸을 때부터 "감사합니다"라고 이야기하라고 정말 많이 강조해 왔습니다. 어렸을 때부터의 강조 덕분인지 딸들은 "감사합니다"라는 말을 잘합니다. 새삼 습관의 중요성이 한 번 더 느껴집니다.

감사
1. 고마움을 나타내는 인사
2. 고맙게 여김. 또는 그런 마음

'Part 1. 왜, 초등학교 6년이 골든 타임일까?'에서 이야기한 것처럼, 인간의 뇌 발달의 결정적 시기인 초등학교 때, '감사'라는 강력한 무기를 자녀에게 선물하는 것은 대단히 중요합니다. '감사'를 반복해서 습관처럼 인생의 무기로 장착한다면, 우리 자녀는 분명 성공합니다.

초등학생이 감사를 배워야 하는 이유는 여러 가지입니다.

첫째, 감사의 표현은 상대방을 존중하고 인정하는 메시지를 전달합니다. 초등학생들이 감사의 마음을 배우고 표현함으로써, 상호 존중과 인정의 가치를 형성할 수 있습니다. 이는 다른 사람과의 관계를 건강하고 긍정적으로 발전시키는 기반이 됩니다.

둘째, 감사는 긍정적인 사고와 태도를 형성하는 데 도움을 줍니다. 초등학생들이 주변에서 감사할 만한 사소한 것들을 발견하고 인지함으로써, 긍정적인 시각과 감사의 마음을 기를 수 있습니다. 이는 문제 해결 능력을 향상시키고, 어려움을 극복하는 데 도움을 줍니다.

셋째, 감사의 표현은 자아 존중과 자신감을 강화하는 데 도움을 줍니다. 초등학생들이 자신의 노력과 성과에 대해 감사의 마음을 갖고 인정함으로써, 자신에 대한 긍정적인 자아 이미지를 형성할 수 있습니다. 이는 자신감을 향상시키고, 배움과 도전에 대한 자신감을 가질 수 있게 해 줍니다.

넷째, 감사의 표현은 사회적인 연결과 협력을 촉진합니다. 초등학생들이 친구에게 감사의 마음을 전하고 인정함으로써, 서로의 관계를 강화하고 협력하는 능력을 기를 수 있습니다. 친구들과의 친밀도를 높이고, 교사와의 긍정적인 상호작용을 통해 학교 내에서의 협력과 지원을 이끌어 내는 데 도움을 줍니다.

다섯째, 감사의 표현은 긍정적인 가치관과 도덕성을 함양하는 데 기여합니다. 초등학생들이 감사의 마음을 표현하고 인정함으로써 친절, 배려, 존중, 인내 등의 가치를 실천하고 긍정적인 도덕적 행동을 증진시킬 수 있습니다.

이렇게 좋은 감사를 표현할 때, 꼭 주의해야 할 점이 있습니다.

첫째, 감사의 표현은 진심으로 전달되어야 합니다. 상대방에게 감사의 마음을 전할 때는 솔직하고 진심이 담긴 태도로 표현해야 합니다. 형식적인 감사는 상대방에게 신뢰를 잃을 수 있으므로, 진심으로 감사의 말을 전달해야 합니다.

둘째, 감사의 표현은 구체적으로 하는 것이 좋습니다. 감사할 대상이 누구인지, 어떤 도움을 받았는지 명확하게 언급하는 것이 좋습니다. 예를 들어, "길동아, 네가 도와주어서 수학 문제를 풀 수 있었어. 정말 고마워!"와 같이 구체적으로 언급하면 상대방에게 더욱 감사의 의미가 잘 전달됩니다.

셋째, 감사의 표현은 적절한 시기와 장소에서 해야 합니다. 모임의 장소 또는 개인적으로 만나는 장소 등을 고려하여 감사를 표현해야 상대방에게 진심으로 감사의 마음이 전달됩니다.

넷째, 감사의 표현은 예의와 존중을 갖춘 언어와 톤으로 전달되어야 합니다. 공손하고 친절한 태도로 상대방에게 감사를 전하는 것이 중요합니다. 무례하거나 거만한 언어와 톤으로 감사를 표현하면 상대방에게 불쾌감을 줄 수 있으므로 주의해야 합니다.

다섯째, 감사의 표현은 다양한 방법으로 할 수 있습니다. 말로 직접 감사의 말을 전하는 것 외에도 편지, 카드, 선물 등을 통해 감사를 표현할 수도 있습니다. 상황과 상대방과의 관계에 따라 적절한 표현 방법을 선택하는 것이 좋습니다.

위에서 말한 점들에 주의하여 감사의 표현을 할 때, 상대방에게 진심으로 감사의 마음을 전달할 수 있을 것입니다. 감사의 표현은 상호 간의 관계를 더욱 강화시키고 긍정적인 에너지를 전달하는 중요한 요소입니다.

우리 부모님들은 자녀에게 어떻게 감사를 표현하고 알려 줄 수 있을까요? 생활 속에서 일어나는 사소한 일에 모두 "고마워"라는 마법의 말을 해 보는 건 어떨까요?

또 "우리 길동이가 설거지를 해 준 덕분에 오늘 엄마가 편안한 시간을 보낼 수 있었어. 고마워". 문장 속 세 글자, '덕분에'라는 단어를 사용해 보세요. '덕분에'라는 세 글자와 '감사'는 세트입니다. '덕분에' 뒤에 '고맙다', '감사하다'라는 말이 자연스럽게 이어진다는 것은 몇 번만 해 보아도 느껴질 거예요.

마지막으로 세상에서 가장 중요한 감사는 나의 존재에 대한 감사입니다. 세상의 중심은 바로 나입니다. 내가 없으면, 세상도 없습니다. '나의 몸'에 대한 감사함, '나의 마음'에 대한 감사함, '나의 행동'에 대한 감사함이 우선되어야 합니다.

나는 독특하고 소중한 존재이며, 감사의 마음을 가지고 나를 인정하고 사랑하는 것은 자기 존중의 기반이 되고, 자신감을 키우는 데 도움을 줍니다. 나에게 감사의 마음을 표현하고 인정함으로써 자아에 대한 긍정적인 자기 이야기를 만들어 내며, 자신을 사랑하고 받아들일 수 있는 자세를 기를 수 있습니다. 나는 매일 많은 경험을 하고 배우며 성장하는 존재입니다. 나에게 감사의 마음을 가지고 지난 경험들을 돌아보고 배운 점을 인정함으로써, 나 자신이 더 나아질 수 있는 방향을 찾을 수 있습니다. 감사의 마음을 가지고 나의 힘과 자율성을 인정함으로써, 나 자신이 주도적으로 행동하고 책임을 지는 자세를 갖출 수 있습니다. 감사의 마음을 표현하고 나에게 집중함으로써, 나 자신의 감정, 생각, 욕망을 더 잘 이해하고 받아들일 수 있습니다. 나를 더 깊이 이해하고 내 안의 잠재력을 발견하는 데 도움을 줍니다.

돈도 들지 않고 간편하게 할 수 있는 감사, 초등학생 자녀가 지금부터 감사하는 습관을 가지고 살면, 더욱 삶을 풍요롭고 가치 있게 만들 수 있습니다.

**감사는 가장 간단하면서도
가장 강력한 형태의 마법이다.
- 루시우스 애네우스 세네카**

〈 part 8 〉

인사이드 아웃

1. 인사이드 아웃

애니메이션 영화 <인사이드 아웃>은 감정의 세계를 배경으로 한 이야기입니다. 주인공인 11세 소녀 라일리가 이사하고 새로운 도시에서 적응하는 데 어려움을 겪는 과정 속에서 감정들이 일어납니다. 라일리의 감정들은 기쁨, 슬픔, 두려움, 분노, 혐오, 다섯 가지로 표현됩니다. 감정들은 라일리의 감정과 행동을 조정하고 그녀의 기억을 형성합니다. 그러나 이사로 인해 라일리의 생활에서 기쁨이 사라지고 슬픔이 더욱 강조되면서 감정들은 혼란스러워집니다.

감정들은 라일리를 돕고자 노력하지만 슬픔은 실수로 기억들을 망치고, 라일리의 핵심 기억 중 하나인 '코어 기억'을 부러뜨려버립니다. 이로 인해 라일리는 고독과 헤어짐의 아픔을 느끼게 됩니다.

감정들은 이 사태를 해결하기 위해 협력하고, 슬픔의 역할을 이해하게 됩니다. 슬픔은 슬픔을 표현함으로써 다른 사람들과의 연결과 위로를 주는 역할을 한다는 것을 깨닫게 됩니다. 라일리와 감정들은 함께 협력하여 코어 기억을 복구하고, 라일리의 감정들을 균형 있게 다루는 방법을 찾아냅니다.

이 영화를 보기 전까지 슬픔은 드러내지 않아야 하는 감정이라고 생각을 했습니다. 제 기억에 철이 들고는 한 번도 엉엉 울어 본 적이 없었네요. 영화를 보자마자 앞머리를 탁 때리는 느낌이 들었습니다. '펑펑 우는 것이 힐링이 될 수도 있겠다'라는 생각과 함께요.

제가 좋아하는 상담심리사님께서는 자녀의 울음에 "땡큐"하라고 이야기를 하십니다. 자녀의 문제를 울음으로 표현하는 것이니, 거기에 맞게 감정을 읽어 주고, 함께 문제를 해결할 수 있는 절호의 찬스라고 말씀하면서요.

자녀가 감정을 표현하고 부모가 이를 읽어 주는 것은 소통과 관계 형성에 필수적입니다. 부모가 자녀의 감정을 읽어 주면, 자녀는 자신을 이해해 주는 부모와 더 친밀한 관계를 형성할 수 있습니다. 이는 부모 자녀 간의 신뢰와 연결을 증진시키는 데 도움이 됩니다.
자녀는 다양한 감정을 경험하며 성장합니다. 부모가 자녀의 감정을 지켜보고 수용해 주면, 자녀는 자신의 감정을 있는 그대로 받아들이고 표현할 수 있게 됩니다. 다양한 표현을 통해 자녀는 자아 발달의 밑바탕을 쌓을 수 있습니다.

사춘기를 이기는 갱년기라는 말이 있습니다. 자녀가 사춘기가 시작될 즈음 40대 부모님은 직장에서 경력이 쌓이고 전문성이 인정되는 시기라 조직 내에서의 의견과 결정에 영향을 끼칠 수 있는 중요한 위치에 있는 경우가 많습니다. 또 중년기에 접어들어 신체적 변화가 나타나는 시기입니다. 이 시기에는 체력이 감소하고, 대사 속도가 느려지며, 근육량이 감소할 수 있습니다. 부모 또한 신체적, 경제적, 심리적인 변화가 복잡하게 많이 일어나는 시기입니다.

이때 부모도 자신의 감정을 자녀에게 솔직하게 표현하는 것이 좋습니다. 그 과정을 통해 자녀는 부모와 더 가까워지고, 자신의 감정을 표현하기에 더 편안해질 수 있습니다. 자녀의 감정에 대해 비판하는 대신 지지와 격려의 말을 해 주세요. 부모가 해 주는 따뜻한 말로 자녀는 "감정을 표현하는 것이 좋은 것이구나"라는 경험을 할 수 있습니다. 감정을 나누며, 인간 대 인간으로 서로 성장하는 부모와 자녀의 모습은 참 아름답습니다.

자녀와 부모 간의 감정 교류는
사랑과 관심으로 이루어져야
자녀가 자신을 표현하고 성장할 수 있습니다.
- 아놀드 그라소프

2.
오감을 열고, 감수성을 키우자

초등학교 시기는 친구, 가족, 교사 등 다양한 사람들과의 대화와 상호작용이 많은 시기입니다. 감정을 인식하고 표현하며, 다른 사람의 감정을 이해하고 공감하는 능력은 원활한 대인 관계와 소통을 도와줍니다. 감정을 키우는 것은 감정에 대한 이해와 공감을 발전시키는 데 도움을 주며, 존중과 배려를 통한 건강한 대인 관계를 형성하는 데 도움이 됩니다.

초등학교 시기는 감정적인 변화가 많은 시기이며, 여러 가지 상황에서 감정을 조절하는 것이 중요합니다. 감정을 키우면 감정을 인식하고 이해하는 능력이 향상되어, 감정적인 상황에서 더 잘 조절할 수 있게 됩니다. 이는 자기 통제력과 대인 관계, 학업 등 여러 가지 측면에서 긍정적인 영향을 미칩니다.

교실에는 많은 아이들이 모여 있습니다. 자신의 감정을 표현만 하고 상대방의 감정은 수용하지 못해 다툼이 많이 일어납니다. 평소 감정을 나타내는 단어를 알아보고, 생활 속에서 쓰이는 감정을 문장으로 익히는 것도 중요합니다. 실제로 아이들이 자신의 감정을 표현하는 방법을 몰라, 친구들과 소통이 안 되는 경우도 많습니다.

감정을 키우는 것은 자기 이해와 자기 인식을 향상시키는 데 도움이 됩니다. 감정을 인식하고 이해하면 자신의 감정을 더 잘 파악할 수 있고, 어떤 상황에서 어떤 감정을 느끼는지에 대해 더욱 민감해집니다. 이는 자신의 성격, 욕구, 장점, 약점 등을 이해하는 데 도움을 주며, 자기 인식을 통해 성장과 발전에 도움이 됩니다.

초등학교 시절은 자신의 감정을 알아가는 최적기입니다. 다양한 감정을 경험하고 이해하며, 감정의 순수성과 사회적 압력의 영향을 받지 않는 환경에서 자신을 발견하고 성장할 수 있습니다. 따라서 초등학교 시기에 감정을 더욱 깊이 알아가는 노력을 기울이는 것은 매우 중요합니다.

순수한 초등학생 자녀와 함께 여행도 떠나고, 영화도 함께 보고, 음악, 공연, 미술 전시회도 많이 다녀 보는 것을 추천합니다. 또 자녀가 좋아하는 악기를 연주하고, 블록 쌓는 것을 더 많이 해 볼 수 있도록 해 주세요.

어릴 적 다녀왔던 수원 화성, 에버랜드 사파리 투어 등의 여행 속에서 우리 딸들은 아마 많은 감정을 느꼈을 겁니다. 설레고 행복하고 짜릿했을 한편 여행 중 다툼으로 때로는 짜증스러웠을 겁니다. 가족과 함께하는 경험 속에서 여러 감정을 느끼며 우리는 함께 성장합니다.

요즘 리메이크로 사랑받고 있는 곡 〈그대만 있다면〉을 우리 집 중 3 딸이 부릅니다. 어디서 많이 들어 본 노래라는 생각이 들어 알아보니, 제가 발령받은 해에 제가 좋아했던 노래였네요. 25년을 지나 딸과 저 사이를 가깝게 해 주는 이 노래는 우리 모녀의 감정을 터칭해 줍니다. 초등학교 시절, 다양한 감정의 색깔을 온몸에 두를 수 있는 기회를 많이 가지길 바랍니다.

여행은 감정의 색을 더해 줍니다.
- 알렉산더 폰 훔볼트

나의 뇌는
잘생겼습니다

요즘 뇌 과학에 사람들의 관심이 많습니다. 뇌는 인간의 인지, 감정, 행동 등을 조절하는 중요한 역할을 합니다. 뇌 과학은 뇌의 기능과 작동 메커니즘을 연구하여 이를 이해하고 설명하는 학문입니다. 사람들은 자신의 뇌와 마음에 대한 궁금증을 해소하고, 더 나은 삶을 위해 뇌의 작동 원리를 이해하려는 욕구를 가지고 있습니다.

더 나아가 뇌 과학은 인지 장애, 정신 질환, 뇌 손상, 약물 중독 등과 관련된 문제에 대한 이해와 치료 방법의 개발에 도움이 됩니다. 뇌 과학 연구는 교육, 학습, 창의성, 리더십, 감정 조절 등 인간의 발달과 성장에도 도움을 줄 수 있습니다.

일반적으로 인간의 뇌는 신체 에너지 총소비량의 약 20~25%를 차지한다고 알려져 있습니다. 뇌의 신경세포들이 지속적으로 활동하고 전기적, 화학적 신호를 처리하기 위해 에너지를 사용하기 때문입니다. 각 개인의 활동 수준, 나이, 신체 건강 상태 등에 따라 달라질 수는 있습니다.

부모님이 꼭 알아 두어야 할 '신경가소성'이라는 개념과 '신경전달물질 7가지'를 소개합니다. 더 자세한 뇌의 기능과 정보는 전문적인 책과 유튜브 등을 검색하여 알아보길 바랍니다.

> ### 신경가소성(神經可塑性, neuroplasticity)
> 성장과 재조직을 통해 뇌가 스스로 신경 회로를 바꾸는 능력을 말한다.

신경전달물질 7가지

1. 도파민: 성취감, 보상감을 느끼게 함. 두뇌 활동이 증가하여 학습 속도, 정확도 등에 영향을 준다.
2. 노르아드레날린: 스트레스 상황에서 생존 반응을 조절한다. 뇌에서 주의 집중을 촉진시킨다.
3. 아드레날린: 혈당을 조절하는 기능을 한다. 스트레스 상황에서 뇌, 심장, 폐처럼 중요한 기관에 혈액 공급이 증가하고, 피부나 소화기관처럼 덜 중요한 기관에 혈액 공급을 감소시킨다.
4. 세로토닌: 행복 호르몬이라고 불린다. 뇌와 장에서 주로 발견된다. 뇌에서 감정, 욕구, 수면 등을 조절한다. 특히 감정 조절에 중요한 역할을 한다.
5. 멜라토닌: 수면과 생체리듬을 조절할 수 있다. 생체리듬이 깨지거나 불면증 환자에게 도움이 되는 물질이다.
6. 아세틸콜린: 인지 기능에 중요한 역할을 하고, 치매와 알츠하이머에 영향을 준다.
7. 엔도르핀: 기분을 좋게 하거나, 통증을 줄이는 효과를 낸다.

〈 part 10 〉

몸이 먼저다

1.
별난 엄마의 조산원 출산기

저는 용감하게 세 딸을 모두 조산원에서 낳았습니다. 지금 되돌아보니 '대단히 용감한 엄마였구나'라는 생각이 듭니다. 친정에서도 첫 출산이고, 가까운 지인에게 출산의 경험을 들어 본 적도 없는 초짜 엄마가 어떻게 조산원에서 아이를 낳을 생각을 했을까요? 그런데 넷째를 낳더라도 다시 조산원에서 낳을 것이라는 생각이 드는 것은 무슨 이유일까요?

용감한 조산원 출산기의 시작은 2004년 8월로 거슬러 올라갑니다. 친정 이모가 민족생활의학 단식 프로그램을 추천했고, 저는 몇 분 생각한 뒤 바로 신청했습니다. 부부가 단식을 하고 아이를 가지면 건강하고 똑똑한 아이를 가질 수 있다는 카더라 소식을 듣고서 단식을 한 번도 안 해 본 신랑을 억지로 끌고 갔습니다.

10박 11일 단식 중 본단식 5일, 절식과 보식을 앞뒤에 했습니다. 태어나서 처음 해 보는 마그밀 관장, 냉온욕, 풍욕, 모관 운동, 각탕, 감잎차 마시기 등 정말 신기한 경험을 했습니다.

10박 11일 프로그램을 마친 뒤, 일상에 복귀해서 1년 이상 학교에 오곡밥과 채소만 넣은 도시락을 싸 가고, 아침마다 목욕탕에 가서 냉온욕도 계속했습니다. 따뜻한 물을 계속해서 먹으면 아이가 잘 생긴다고 해서, 보온병에 따뜻한 물도 가득 싸서 다녔습니다.

우리 부부의 노력에 하늘도 감동했는지, 6개월 뒤에 첫째 딸이 우리를 찾아왔습니다. 그 뒤로도 매일 목욕탕에서 냉온욕을 계속하고, 오곡밥 & 채소 도시락을 꾸준히 싸 가지고 다녔습니다. 하지만 첫째를 낳고 키우면서 현실 육아에 지친 우리 부부는 그 이후 술도 마시고, 음식과 생활에 대해 신경을 쓰지 않고 둘째와 셋째를 가졌습니다. 미리 준비되지 않은 상태에서 가진 둘째와 셋째는 첫째에 비해 조금은 건강하지 않은 곳이 있더군요. 이 기회를 빌려 둘째와 셋째에게 미안한 마음을 전합니다.

임신 기간에도 저는 참으로 특이한 임신부였습니다. 최민희 작가님의 『황금빛 똥을 누는 아기』 책을 보고, 임신 준비 기간에 했던 오곡밥 & 채소 도시락, 냉온욕, 풍욕, 모관 운동, 각탕, 감잎차 마시기 등을 그대로 했습니다.

거기에 한 가지 더 추가된 SPECIAL한 출산 이벤트! 부산 한우리 조산원에서의 출산! 지금은 너무 오래전이라 어떤 생각으로 조산원에서 출산하고자 결단했는지 기억이 안 나지만, 단식으로 만난 자연주의 태교에서 자연스럽게 이어진 듯합니다.

폭풍 검색을 통해 경남 마산에 한 곳, 부산에 한 곳이 있다는 것을 알았습니다. 창원이 친정이라 마산도 좋겠다 생각도 했지만, 집과 가까운 한우리 조산원을 선택했습니다. 한의사들이 주로 출산하는 곳이라는 소문을 듣고, 궁금하기도 해서 선택했습니다.

직접 방문해 본 한우리 조산원은 정말 고급스러웠습니다. 공기를 정화하는 청동으로 된 인테리어 소품과 화분, 브랜드 돌침대, 아름답게 가꾸어진 정원은 보자마자 '여기서 꼭 아이를 낳아야겠다'라는 결연한 의지를 북돋아 주었습니다.

한우리조산원 원장님은 초음파검사 등 기본적인 사항을 체크하고, 산전 관리와 출산에 대해 자세하게 알려 주셨습니다. 꼭 여기서 출산해야 한다는 굳은 의지만을 가지고 있었지만, 원장님은 "인연이 되면, 이곳에서 아이를 낳을 수 있습니다"라는 인연에 대해 말씀하셨습니다. 지금이라면 '분명히 이곳에서 낳을 수 있을 거야'라고 편안하게 생각했을 텐데, 꼭 낳아야 한다는 마음으로 안달복달했던 것 같네요.

제 몸과 아이를 아끼며 한우리 조산원에서의 출산을 준비하기! 출산휴가 기간에 다닌 임신부 운동센터에서 임신 기간 중 추천하는 운동인 모관 운동, 합장합척 운동도 열심히 했습니다. 드디어 가진통이 왔고, 너무너무 아파서 조리원에 갔는데 아직은 아니라는 원장님의 말씀. 두 번이나 1시간 거리의 집으로 되돌아오기를 반복했습니다.

가진통이 온 3일째, 유도 분만을 하기로 결정했습니다. 유도 분만 주사를 맞고, 진통을 이겨 내기 위해 짐볼에서 운동도 하고, 짬짬이 잠도 자면서요. 이제 자궁 문이 아이가 나올 만큼 열렸으니, 준비하자고 하셨습니다. 조산원 바닥에서 출산을 위한 천을 깔고, 진통의 시간을 함께했습니다.

첫째는 제대혈을 했기 때문에 출산을 분만대에서 아이를 맞이했습니다. 갓 태어난 아이를 배 위에 올리고 그 따뜻함을 느끼니 기분이 참 묘했습니다. 10달을 기다려 만난 소중한 새 생명에 감사했습니다. 아이가 태변을 모두 배설할 수 있도록 하루 이틀은 젖을 먹이지 않았고, 100분 나체 요법도 했습니다. 100분 나체 요법을 하면 심장이 튼튼한 아이가 될 수 있다고 『황금빛 똥을 누는 아기』에서 봤는데, 조산원에서 알아서 해 주시니 정말 감사했습니다.

조산원에서 일주일간 조리를 하는 동안 정갈하고 건강에 좋은 재료로 만들어진 식사와 간식, 음료는 우리 복댕이(첫째의 태명) 덕분에 받는 선물이라는 생각이 들었습니다. 처음으로 겪은 출산의 고통은 이미 싹 잊힐 만큼 너무 만족스러운 밥상이었습니다. 지금도 입에 착 달라붙던 들깨미역국 맛이 입안에서 맴돕니다. 그리고 처음 해 보는 모유 수유, 기저귀 갈기 등을 24시간 함께해 주시던 원장님 덕분에 육아 첫 스타트를 잘 끊었습니다. "원장님, 정말 감사합니다."

3년 후, 둘째를 가지게 되었습니다. 당연히 한우리 조산원에서 출산할 것이라 생각했지요. 일반 산부인과와 조산원 산전 관리를 병행했습니다. 어느 날 조산원에 가니 둘째가 거꾸로 앉아 있고, 거꾸로 앉아 있는 아이는 조산원에서 출산할 수 없다고 말씀하셨습니다. 태아가 정상 자세로 돌아와야 조산원 출산이 가능하다는 원장님의 말씀을 듣고 집으로 돌아왔습니다.

둘째도 조산원에서 기필코 낳아야 한다는 결심을 다시 했습니다. 그때부터 역아 돌리기에 좋은 운동인 고양이 자세도 열심히 하고, 내 인생 최초의 끌어당김의 법칙도 이때 처음 시작해 보았습니다. 이지성 작가의 『꿈꾸는 다락방』, 론다 번 작가의 『시크릿』도 읽었습니다. '생생하게 꿈꾸면 현실이 된다'는 책 속의 문장을 실천하기로 했습니다. 바른 자세로 있는 태아의 그림 사진을 출력해서 지갑 속에 넣어 다니며 계속 보고 상상했습니다.

그 결과 조산원 진찰 때, "복2(둘째의 태명)가 제대로 돌아왔으니 조산원에서 낳을 수 있겠다"는 기쁨의 말씀을 들었습니다. 제 인생의 첫 번째 끌어당김이 성공하는 순간이었습니다. 우주의 축복을 받은 덕분에 둘째도 조산원에서 출산을 할 수 있었고, 또다시 찾아

온 선물 삼복이(셋째의 태명)도 조산원에서 자연주의 출산으로 세상에 태어났습니다.

저는 참 별난 엄마였습니다. 감기에 걸려 열이 39도, 40도에 올라갈 때, 모자, 목도리, 내복, 장갑, 양말을 입혀 땀을 쭉 빼게 했습니다. 바이러스가 몸에 들어가 싸우면서 생기는 열이기에 해열제를 먹여 열을 내리기보다, 이열치열의 방법으로 열을 내리게 한 것이지요. 여섯 가지 맛의 음식을 자신의 체질과 병증에 따라 섭취하는 음식 요법인 육미섭생법에 따라 음식 처방을 해서 가벼운 증상은 해결했고, 예방 접종 또한 맞히지 않았습니다.

하지만 세 딸 육아에 지치면서 셋째가 어릴 때부터 해열제와 항생제도 먹였습니다. 그래도 나름대로 최선을 다해 키웠기에 후회는 없습니다. 남들 다 하는 수학 영재, 과학 영재는 못 만들었어도 "세 딸 모두 한 번도 병원에 입원하지 않고 건강하게 키웠다"고 지금도 큰소리로 자랑할 수 있습니다.

우리 세 딸이 태어난 조산원을 찾아갔고, 이 세상에 태어나게 해 주신 원장님도 만날 수 있습니다. 명절 때마다 소중한 세 딸의 출산을 도와주신 원장님께 고마움을 보내면서 연락도 계속하고 있습니다. 세 딸에게도 조금 더 크면 자연주의 출산에 대해 자세하게 안내해 주리라 마음먹고 있습니다.

저는 참 복이 많고 운이 좋은 사람입니다. 자연주의 출산을 할 수 있었을 만큼 우리 세 딸과 산모가 건강했고, 든든한 신랑, 시부모님, 친정 부모님께서 자연주의 출산에 대한 고집스러움을 인정해 주셨으니까요. 이 복과 행운으로 남편과 세 딸 함께 행복하게 살아가려고 합니다. Be Happy Always!

여성의 모든 권리 중 가장 위대한 것은 엄마가 되는 것이다.
- 린위탕

2.
몸이 먼저다

우리 집에는 꼭 거쳐야 하는 관문이 있습니다. 그것은 바로 '태권도 4품 취득'과 '리코더 콩쿨 참가'입니다. 그중 '태권도 4품 취득'은 태권도 4품부터 태권도 사범 자격을 취득할 수 있기에, 운동도 하면서 미래의 직업도 준비하는 의미로 필수 코스 1번입니다. 참고로 태권도 4품을 가지고 있으면 성인이 되었을 때 국기원에서 정한 매뉴얼에 따라 4단으로 전환할 수 있습니다.

초등학교 1학년 때부터 태권도 수련을 시작하면, 중학년 2학년 2학기가 되었을 때 4품을 딸 수 있는 자격이 생깁니다. 딸들은 8년 동안 태권도 품새와 겨루기를 수련하는 등 전신운동을 하면서 신체 기능을 발달시킬 수 있었습니다. 규칙적인 수련과 훈련을 통해 집중력이 강화되었습니다. 관장님, 사범님, 선배, 친구들과 함께 수

런하면서 예절과 팀워크를 배우기도 했습니다.

신체적 지능은 하워드 가드너의 다중 지능 이론에서 하나로 꼽히는 지능 유형입니다. 신체적 지능은 우리의 신체적 능력과 움직임을 통해 활용되는 지능으로, 운동 능력과 조화된 움직임, 신체 제어 등을 포함합니다. 이러한 신체적 지능은 우리의 신체적 측면을 발전시키고, 우리의 다른 지능들과 상호작용하여 종합적인 인지 능력을 향상시키는 데 기여합니다.

신체적 지능과 유소년기 뇌의 발달은 밀접한 관련이 있습니다. 유소년기는 인간의 신체와 뇌가 가장 빠르게 성장하고 발달하는 시기로, 이 기간 동안의 신체적 활동과 운동은 뇌의 발달에 긍정적인 영향을 미칩니다.

첫째, 유소년기의 운동 활동은 뇌 발달에 중요한 영향을 미칩니다. 운동을 통해 신체적인 능력이 향상되고 균형, 조절 능력, 공간 인지 등이 발전하는 동시에 뇌의 신경회로망이 발달합니다. 특히 유소년기 동안 다양한 운동 활동을 경험하면 뇌의 영역 간 연결성이 증가하고 뇌의 플라스티시티가 증진됩니다.

둘째, 신체적인 활동은 학습 능력과도 관련이 있습니다. 연구에 따르면, 유아 및 어린이들이 활발한 신체 활동을 할 때 뇌의 혈류량이 증가하고 뇌의 신경전달물질인 뉴로트랜스미터가 활발하게 분비됩니다. 이는 학습과 기억력을 향상시키는 데 도움을 줄 수 있습니다.

셋째, 신체적인 활동은 인지 능력에도 긍정적인 영향을 미칩니다. 운동을 통해 뇌의 전반적인 인지 기능이 향상되며, 주의력, 집중력, 문제 해결 능력, 창의력 등이 증진될 수 있습니다. 또한 운동은 스트레스를 완화시키고 정서를 안정시키는 효과도 있어 유소년기의 정신적인 건강을 촉진시킬 수 있습니다.

넷째, 신체적인 활동은 사회적인 능력과도 관련이 있습니다. 운동을 통해 유소년기 동안 자기조절력, 협동심, 리더십 등의 사회적인 능력이 발전할 수 있습니다. 또한 운동을 함께하는 팀 활동이나 경기는 친구들과의 소통과 협력을 촉진시키는 데 도움을 줄 수 있습니다.

이런 이유들로 저는 한 학기에 두 번 학부모 상담 주간에 오시는 학부모님께 태권도, 줄넘기, 농구, 축구 등 자녀의 신체 발달과 성격에 맞는 운동을 하나 선택해서 다니기를 꼭 추천드립니다.

하지만 꼭 운동 관련 학원을 다니지 않아도 됩니다. 마음만 먹으면 쉽게 할 수 있는 운동이 많기 때문입니다. 평소에 쉽게 할 수 있는 운동법을 소개합니다. 부모님도 함께해 보세요.

첫째, 숨만 잘 쉬어도 건강합니다.

호흡은 우리 몸의 기본 동작 중 하나로, 숨을 쉬는 것은 생명을 유지하는 데 필수적입니다. 호흡은 건강에 많은 영향을 미칩니다. 숨을 제대로 쉬면 우리의 기관들은 산소를 충분히 공급받아 올바르게 작동할 수 있습니다.

숨을 제대로 쉬는 것은 특히 초등학생들에게 중요합니다. 그들은 성장과 발달을 위해 많은 에너지를 사용하고 있습니다. 정확하고 깊은 호흡은 그들의 신체적인 활동과 뇌 기능에 긍정적인 영향을 미칩니다. 올바른 호흡은 더 많은 산소를 공급하고 체력을 향상시키며, 집중력과 기억력을 향상시킬 수 있습니다.

숨을 제대로 쉬는 것은 스트레스 관리에도 도움을 줍니다. 호흡은 자연적으로 우리의 심신을 안정시키고 긴장을 풀어 주는 역할을 합니다. 따라서 초등학생들이 학업과 여러 가지 활동으로 인해 스트레스를 느낄 때, 깊게 숨을 들이마시고 천천히 내쉬는 호흡법을 사용하여 긴장을 푸는 것이 도움이 될 수 있습니다.

가장 쉬운 호흡법을 알려 드릴게요.

코로 3초 동안 천천히 숨을 들이마시고, 3초 동안 "휴우" 소리를 내면서 천천히 내쉬는 것을 연습해 보세요. 실제로 1학년 아이들과 3초 호흡을 1분 동안 하고 나서, 스스로 "호흡해야지"라는 말을 하는 아이가 많았습니다. 따로 호흡의 중요성과 좋은 점을 말해 주지 않아도, 무언가가 좋았는지 스스로 하려고 하더군요.

둘째, 학교 쉬는 시간과 체육 시간에 열심히 뛰고 운동합시다. 체육 교과서는 그 학년의 신체와 정서 발달에 적합한 활동으로 교육과정의 학습 목표에 도달할 수 있도록 구성되어 있습니다. 체육 시간에 하는 운동을 열심히 하는 것만으로도 신체 발달과 정서 발달에 도움을 받을 수 있습니다. 쉬는 시간마다 친구들과 열심히 운동장을 뛰고 노는 것만으로도 신체 건강이 증진됩니다. 친구와의 유대감을 형성할 수 있는 좋은 활동입니다.

셋째, 계단 오르기를 해 보세요. 주택보다는 아파트에 사는 사람이 월등히 많습니다. 아파트 계단 오르기 운동을 꾸준히 해 보길 추천드립니다. 저는 지하 1층부터 19층까지 20층을 3회씩 걸어서 올라갑니다. 무릎 보호를 위해 내려올 때는 엘리베이터를 이용하고요. 제 걸음으로 조금 빠르게 걸으면 20층 1회 오를 때 걸리는 시간은 4분 30초입니다. 20층을 3회 오르내리는 데 여유 있게 30분 정도 걸립니다.

계단 오르기는 비용이 들지 않고, 비가 와도 눈이 와도 편하게 할 수 있는 실내 운동이기 때문에 더욱 매력이 있습니다. 계단 오르기는 심폐 지구력 향상, 다이어트와 체중 감량, 다리 근력 강화, 신체 균형과 코디네이션을 향상시키는 데 도움이 됩니다.

계단 오르기는 유산소운동입니다. 체내 엔도르핀 분비가 증가하여 스트레스 감소와 기분 개선에 도움이 됩니다.

넷째, 주말마다 신선한 공기를 맡으면서 자연에서 놀 수 있는 기회를 많이 주세요. 그때 맨발 걷기를 추천합니다.

하워드 가드너의 다중 지능 이론 중 자연 친화 지능은 자연환경과의 상호작용, 자연 요소에 대한 이해 및 관찰 능력을 가리킵니다. 이러한 지능을 가진 사람들은 주변 자연환경에 대한 민감성과 호기심을 가지며, 자연 세계에 대한 깊은 관심을 갖고 있습니다.

자연을 보면서 느끼고, 맨발 걷기 등을 하면서, 우리 아이들은 자연을 통해 감정적인 안정과 평화를 찾을 수 있습니다. 자연환경에서의 산책, 캠핑, 정원 가꾸기 등은 아이들에게 큰 만족감과 안정감을 줍니다. 자연에 대한 깊은 감정과 연결을 통해 정서적인 안정을 찾을 수 있으며, 스트레스 해소와 휴식을 취할 수 있습니다.

알려 드린 생활 속 운동 방법으로 자녀들은 건강한 생활 습관을 형성하고 더 나은 학업과 생활을 즐길 수 있을 것입니다. 부모가 함께하면 아이들은 가족의 사랑과 관심을 같이 느끼며 몸이 건강해지는 보너스까지 받을 수 있을 것입니다.

신체는 우리 영혼의 집이다.

그러므로 우리는 그 집을 깨끗하고 건강하게 유지해야 한다.

– 윈스턴 처칠

3.
잠만 잘 자도 성적이 오른다

'사당오락(대학 입시에서 4시간 자면 붙고, 5시간 자면 떨어진다)', '죽으면 평생 잘 잠인데, 잠을 줄이자'라는 말이 있듯 사람은 자신의 수면 시간을 자신의 계획에 따라 줄이는 유일한 종입니다. 성공을 위한 시간 확보를 위해 잠을 줄인다는 말이죠.

세계보건기구(WHO), 미국국립수면재단(National Sleep Foundation)은 성인 기준 하룻밤 권장 수면 시간을 8시간이라고 말합니다. 하지만 선진국에 속할수록 국민들은 수면 시간을 줄이며 일을 하기 시작합니다.

수명 연장, 기억력 강화, 창의력 신장, 날씬한 몸매, 식욕 억제, 암과 치매 예방, 감기와 독감 예방, 당뇨병 위험 감소, 행복감 증진, 우울과 불안 감소 등의 효과가 있는 건강식품이 있다면 여러분은 이 제품을 구매하실 건가요? 이 제품은 놀랍게도 잠이라는 제품입니다.

단, 평소 성인 기준으로 꾸준히 8시간을 지켰을 때의 효과입니다.

미국국립수면재단과 국립건강원(National Institutes of Health)에서 6~13세는 9~11시간의 수면을 권장합니다. 수면 시간을 지키는 것보다 더 중요한 것은 수면의 질입니다.

성장호르몬은 주로 잠잘 때 분비됩니다. 특히, 깊은 수면 단계인 비화상수면(REM 수면)에서 성장호르몬 분비가 가장 활발하게 일어납니다. REM 수면은 수면 사이클의 한 단계로, 일반적으로 수면의 20~25%를 차지합니다.

일반적으로 성장호르몬은 청소년기 아이들의 키 성장을 위한 호르몬으로 알려져 있지만, 성장호르몬은 우리 어른들에게도 나옵니다. 키 성장뿐만 아니라 체내에 다양한 활동에 필요한 물질인 것이지요.

성장호르몬의 특징에 대해 말씀드리겠습니다.

1. 체내의 세포분열과 증식을 촉진하여 신체의 성장을 도와줍니다. 특히, 어린이와 청소년의 뼈와 근육의 성장, 장기의 발달 등을 지원합니다.
2. 정신적인 기능(인지 기능, 기억력, 학습 능력, 감정 조절 등)에도 영향을 줄 수 있습니다.
3. 성장호르몬은 손상된 조직의 세포분열과 재생을 촉진하여 조직의 회복력을 향상시킵니다.
4. 지방 분해를 촉진하고, 혈당 조절에도 관여하여 혈당 수준을

안정시킵니다.

5. 면역 세포의 활성화를 촉진하여 감염과 질병에 대한 저항력을 향상시킵니다.

초등학생에게 가장 유효한 성장호르몬의 특징은 신체 성장과 정신적인 기능입니다. 성장호르몬 분비가 잘 되는 '질이 좋은 잠'을 위해서 다음과 같이 해 보기를 추천합니다.

1. 취침 시간과 기상 시간을 일정하게 합니다.
2. 저녁 식사는 잠자기 4시간 전에 끝내야 합니다. 야식은 먹지 않는 것이 좋습니다.
3. 잠자기 전에 따뜻한 물로 샤워를 하면 숙면에 도움이 됩니다.
4. 운동은 되도록 낮에 하는 것이 좋습니다.
5. 침실은 빛이 들어오지 않게 어둡게 하는 것이 좋습니다.
6. 침실에 스마트폰 등 전자 기기를 치웁니다.

잠은 몸과 마음을 치유하고, 새로운 날을 기다리게 해 준다.

- 에드가 앨런 포

4.
내 눈은 구만 냥

눈은 우리에게 매우 소중한 감각기관 중 하나입니다. 눈은 시 각 정보를 받아들여 시각적인 세상을 인식하고 이해하는 데에 필 수적인 역할을 합니다. 우리는 눈을 통해 다른 사람들과 소통하고, 상호작용을 하고, 위험으로부터 신체를 보호합니다. 시각적인 자 극으로 창의성과 상상력을 자극하고, 풍부한 아이디어와 창작물을 만들 수 있도록 도와줍니다.

현대사회에서 스마트폰, 컴퓨터 등의 전자기기의 발달로 몸은 편리해졌지만, 우리 눈은 혹사당하고 있습니다. 특히 우리 아이들 은 핸드폰에서 눈을 떼지 않는 경우가 많습니다.

오감 중에서 우리가 얻은 정보의 80%는 눈으로 본 것이라는 말 처럼, 시각은 매우 중요한 역할을 합니다. 고학년에 올라가면 교실의 거의 모든 아이들이 안경을 씁니다. 100세까지 열심히 역할을 해야 하는 눈, 눈 건강을 위해 이야기해 보려 합니다.

콘노 세이시 작가의 책 『눈은 1분 만에 좋아진다』의 내용을 인용해 보겠습니다. 작가는 '혈류를 개선해 충분히 산소를 공급하고, 적절한 시력 회복법과 생활 습관, 운동을 병행하면 나빠진 시력은 좋아질 수 있다' 또 '시력이 좋아지면 인생이 바뀐다'라고 말합니다.

"우리가 뭔가를 본다는 것은 '뇌로 본다'는 뜻과 같기 때문에 시력이 좋아지면 순간적인 판단력과 집중력, 정신력이 향상되어 공부와 운동 능력은 물론이고 인생 전반에 걸쳐 엄청난 힘을 발휘합니다. 결과적으로 시력이 얼마나 좋고 나쁘냐에 따라 인생이 좌우된다고 해도 과언이 아닙니다."

자녀들에게 '눈 건강'에 대해 반드시 강조해야 합니다. 그리고 부모님도 시력 저하, 백내장, 녹내장 등의 눈 건강에 적신호가 왔을지 모릅니다. 함께 눈 건강에 대해 실천해 보는 기회를 가지길 바랍니다.

눈 건강을 증진시키고 눈이 좋아질 수 있는 몇 가지 방법에 대해 알려 드릴게요.

1. 6개월에 한 번은 정기적으로 안과 검진을 받아야 합니다.

2. 장시간 눈을 쓰는 경우 규칙적으로 눈 운동을 합니다.

3. 짬짬이 먼 하늘이나 먼 산을 바라보는 것도 좋습니다.

4. 눈 건강에 도움을 줄 수 있는 비타민 A, C, E, 오메가-3, 지 방산 등의 영양소가 골고루 들어 있는 식단으로 식사를 합니 다. 적절한 수분도 섭취해 줘야 합니다.

눈은 세상을 볼 수 있는 보석이다.

- 도로시 파커

〈 part 11 〉

엄마, 나 엄마에게
따뜻한 위로를
받고 싶어요

1.
말은 생각보다 힘이 세다

큰딸이 초등학교 다닐 때 이야기입니다. 자유 탐구 숙제가 있었습니다. 'MBC에서 방영된 〈말의 힘〉에서 나온 결과가 진짜일까?'라는 호기심이 생겨 자유 탐구 주제를 '말의 힘'으로 하기로 했습니다. 전기밥솥으로 지은 밥을 한쪽에는 나쁜 말(바보야, 못생겼다)을 하고, 한쪽에는 좋은 말(사랑해, 좋아해)을 한 후에 일주일 동안 변화를 봤습니다. 좋은 말을 한 밥에는 노랗게 예쁜 색의 곰팡이가 생겼고, 나쁜 말을 한 밥에는 검정색 곰팡이가 생겼습니다. 방송 결과와 같은 결과가 나온 것을 보고, 말의 힘에 대해 한 번 더 생각해 보는 기회가 되었습니다.

긍정적인 기대나 믿음이 사람에게 좋은 영향을 미친다는 피그말리온 효과와 부정적으로 낙인찍히면 점점 더 나쁜 행동을 하고,

부정적 인식이 지속된다는 스티그마 효과가 있습니다. 이 두 효과는 부모가 자녀를 어떻게 보고 행동할 것인지에 대해 생각할 기회를 줍니다.

간다 마사노리 작가는 그의 책 『비상식적 성공 법칙』에서 "인간은 반복되는 말에 약하다"라고 이야기합니다. 또 가수는 부른 노랫말 가사대로, 배우는 자신이 맡은 배역대로 인생을 살아가는 경우를 많이 봅니다. 이 예시들로 반복되는 말이 사람의 무의식을 프로그래밍한다는 것을 알 수 있습니다.

나의 언어의 한계는
나의 세계의 한계를 의미한다.
- 비트겐슈타인

2.
내 딸이 나에게 듣고 싶은 말

이기주 작가의『언어의 온도』에 '언어에는 나름의 온도가 있습니다. 따뜻함과 차가움의 정도가 저마다 다릅니다'라는 문장이 나옵니다.

제가 직장에서의 일로 기분이 안 좋을 때, 우리 집 딸들은 아주 족집게처럼 저의 마음을 읽어 냅니다. 벌써 제 말에서 '언어의 온도'가 느껴지는 것이죠.

부모와 자녀는 모든 인간관계의 출발점입니다. 부모와 자녀의 대화가 의미 있고, 얼마나 친밀한 대화를 나누는가에 따라 자녀의 정서 발달과 두뇌 발달에 큰 영향을 미치게 됩니다.

전라남도교육청에서 발행한『소음형 엄마를 대화형 엄마로 바꾸는 잔소리 기술』의 내용을 공유합니다.

자녀의 잘못된 행동에 대해서 아무런 지적도 하지 않는 것은 올바른 양육 태도가 아닙니다. 하지만 지적의 방법에 따라 아이와 충돌을 계속 일으키는 '소음형 엄마'가 될 수도, 대화로 풀어 나가는 현명한 대화형 엄마가 될 수도 있습니다. 대화형 엄마에게서 자란 아이는 부모와 소통도 원활하고, 인간관계에 있어서 문제가 생겼을 때 감정을 앞세우기보다는 대화로 풀어 나가려는 태도가 형성됩니다.

대화형 엄마가 되는 6가지 기술

1. 30초만 감정 조절하기
2. 무조건 화내기보다 잘못된 행동 지적하기
3. 잔소리하기 전에 아이 이야기 들어 주기
4. 잔소리하는 이유 알려 주기
5. 짧고 굵게 이야기하기
6. 바른 행동 제시해 주기

뇌는 말의 뉘앙스에 매우 민감하게 반응한다고 합니다. 말의 뉘앙스는 아주 솔직합니다. 자녀들에게 이야기할 때, 다음의 내용을 지켜서 이야기해 볼까요?

1. 자녀의 말을 끝까지 잘 들어 주세요. 자녀의 말을 중간에 끊지 않고 잘 들어 주는 것만으로도 이미 훌륭한 대화를 이끌

어 낸 것입니다.

2. 자녀가 알아듣기 쉬운 언어로 이야기해 보세요.

3. 두 손을 서로 잡고 대화해 보세요. 화려하고 아름다운 칭찬
   의 언어 보다, 잡고 있는 두 손의 온기로 부모님의 마음이 먼
   저 전달될 것입니다.

4. 부정적인 표현보다는 긍정적인 표현을 사용해 보세요. "뛰
   지 말자."보다는 "걸어 보는 게 어떨까?", "공부 안 하고 뭐
   해?"보다는 "조금 쉬었다 공부하는 게 어떨까?" 등의 표현을
   사용하면 자녀와의 대화가 좀 더 편안해 질 것입니다.

5. 자녀의 노력이나 잘한 점에 대해 칭찬하고 격려해 보세요.
   칭찬은 고래도 춤추게 합니다. 부모님의 칭찬에 자녀의 자
   존감은 더욱 올라갈 것입니다.

6. 대화 중에는 상대방의 의견이나 감정을 존중하고 이해하는
   태도를 가져 보세요. "너의 의견을 정말 소중하게 생각해"나
   "나는 네가 어떤 마음으로 그렇게 생각하는지 이해해"와 같
   은 말을 사용하여 서로를 존중하고 이해하는 분위기를 조성
   하세요.

7. 자녀에 대한 애정과 관심을 표현하는 말을 사용해 보세요.
   "너를 정말 사랑해"나 "너와 함께 시간을 보내는 것이 제일
   행복해"와 같은 말은 상대방에게 사랑과 애정을 전할 수 있
   는 좋은 방법입니다.

8. 익숙하고 당연한 상황에 대한 감사를 자녀에게 표현해 보

세요.

9. 자녀의 존재 자체에 대한 감사를 자녀에게 표현해 보세요.

10. 부드럽고 따뜻한 톤을 사용해 보세요. 목소리나 표정을 조절하면 자녀에게 안정감을 줄 수 있습니다. 친근하고 따뜻한 느낌을 주는 말투는 대화의 분위기를 좋게 만들어 줍니다.

자녀에게 따뜻한 말을 건네라.

그들은 그 말로 인해 세상을 더 밝고 따뜻하게 느낄 것이다.

– 토니 모리슨

〈 part 12 〉

습관의 힘(습관력)

이 숫자를 기억하세요.

21일, 66일, 100일!

초등 교육 6년은 인생에서 가장 중요한 시기 중 하나입니다. 이 시기에 형성되는 습관은 그들의 미래에 큰 영향을 미칠 수 있습니다. 그러므로 초등학생들이 건강하고 긍정적인 습관을 형성하는 것은 매우 중요합니다.

첫째, 좋은 학습 습관을 형성하는 것은 초등학생들이 지식과 기술을 습득하는 데 필수적입니다. 일정한 학습 시간을 가지고 계획적으로 공부하고, 집중력을 키우며, 정리하고 복습하는 등의 습관을 가지는 것이 좋습니다.

둘째, 독서는 지식을 넓히고 상상력과 창의력을 키우는 데 도움을 줍니다. 초등학생들은 독서 습관을 형성하여 책을 즐기고 지식을 습득하는 데 집중해야 합니다.

셋째, 건강한 식습관과 충분한 운동은 초등학생들의 성장과 발달에 중요한 역할을 합니다. 적절한 식단과 충분한 수면을 유지하고, 체육 활동이나 운동을 꾸준히 실천하는 것이 좋습니다.

넷째, 사회적인 규칙과 예절을 배우고 따르는 습관은 초등학생들의 사회화와 협동 능력을 향상시키는 데 도움을 줍니다. 다른 사람을 존중하고 배려하는 태도와 원만한 대인 관계 형성을 위해 노력해야 합니다.

다섯째, 시간을 효과적으로 관리하는 습관은 초등학생들이 여러 가지 활동을 조화롭게 수행하고 성취감을 느끼는 데 중요합니다. 시간을 계획하고 일정을 지키며, 우선순위를 정하는 습관을 가지는 것이 좋습니다.

마지막으로 초등학생들은 목표를 설정하고 그에 따라 노력하는 습관을 가지는 것이 중요합니다. 목표를 향해 꾸준한 노력과 인내심을 가지고 문제를 해결하고 성취감을 얻는 데에 도움이 됩니다.

1.
100년째 지각 중입니다

우리 반 아이들은 제 나이가 100살이라고 알고 있습니다. 그 100년 동안 정말 안 고쳐지는 습관이 하나 있습니다. 바로 약속 시간을 잘 못 지키는 습관입니다. 초등학교를 다닐 때부터 지각하는 습관이 아직까지 고쳐지지 않습니다. 그래서 부끄럽기는 하지만 딸들과 우리 반 아이들에게 등교 시간과 약속 시간은 반드시 지켜야 할 중요한 습관이라고 강조하고 있습니다.

유대인들은 돈의 가치를 아는 민족이지만, 오랜 역사와 종교적인 가치관으로부터 시간을 소중히 여기는 문화를 갖고 있습니다. 이는 시간을 효율적으로 활용하고 목표를 이루는 데에 도움을 주며, 교육과 성공, 공동체 의식과 균형 있는 삶을 추구하는 데에 영향을 미칩니다.

세계의 이름난 부자인 빌 게이츠, 워런 버핏, 일론 머스크와 우리가 동일하게 가질 수 있는 것은 하루 24시간이라는 시간뿐입니다. 그 시간 동안 생산적인 일을 하느냐, 계획없이 아깝게 시간을 허비하느냐는 자신의 선택입니다.

큰딸을 고 3까지 키워 보니, 고등학생의 바쁜 시간 연습을 위해서 초등학생부터 시간 관리 습관을 몸으로 익히게 해야겠다는 생각이 들었습니다. 실제로 25년 동안 지켜보았던 모범적인 학생들 대부분은 규칙적인 생활을 하고, 등교 시간과 수업 시간을 잘 지킵니다.

초등학교 때 몸에 익혀 루틴처럼 지켜야 하는 사항들을 알려 드립니다. 부모님은 초등학생 자녀에게 시간 관리의 중요성을 가르치고, 적절한 도움과 지도를 제공하여 습관화할 수 있도록 반드시 도와주셔야 합니다.

첫째, 모든 약속 시간보다 '5분 일찍'을 습관화시킵시다. 초등학생에게 가장 자주 접할 수 있는 약속 시간은 '등교 시간'과 '수업 시간', '친구와의 약속 시간'입니다. '5분 일찍 도착한다는 것'은 어른이 되어서도 반드시 지켜야 할 약속 시간 지키기의 핵심 키워드입니다. 어릴 때부터 '5분 일찍'을 습관화한다면, 어른이 되어서의 인생은 달라질 것입니다. 등교 시간이 8시 30분까지라면 8시 25분에는 교실에 도착할 수 있게 합니다. 그리고 쉬는 시간에 화장실을 다녀와서 수업 시간보다 1분 정도 빨리 자리에 앉도록 합니다. 25년의 경험상 아이들은 약속 시간을 어기는 친구를 싫어하는 경우가 많습니다.

둘째, 학교에서 정해진 시간(수업 시간, 점심시간, 현장 체험학습 출발 시간 등)을 반드시 지킬 수 있게 합니다. 특히 초등학교 1학년 학부모님들은 시간을 잘 보지 못하는 자녀에게 여러 번 반복하여 연습시켜 주셔야 합니다. 1학년 때의 습관은 정말 중요합니다.

셋째, 정해진 시간에 일어나고 자야 합니다. 인생의 1/3인 수면 시간은 시간 관리에서도 굉장히 큰 부분을 차지합니다. 정해진 수면 시간은 나머지 2/3인 일상 생활을 규칙적이게 만들어 줍니다.

넷째, 식사 시간을 정해야 합니다. 주말과 방학에도 학교 점심 시간과 동일하게 식사를 하는 것이 좋습니다. 그러면 방학 중에 규칙적으로 생활하는 데 도움이 될 것입니다. 우리 몸은 정교하게 만들어 놓은 컴퓨터와 같습니다. 일정한 시간에 밥을 먹는 것은 하루의 시간 관리와 원활한 소화에도 도움이 됩니다.

시간은 비용이다.
시간을 낭비하는 것은 돈을 낭비하는 것과 마찬가지다.
- 윌리엄 페이

2.
할 일 외치며 바로 실행!

　사람은 쉽게 바뀌지 않는다는 말을 들어 보셨을 거예요. 우리 뇌는 변화를 싫어합니다. '이제 습관을 바꿔야지'라고 마음을 먹으면, 우리 뇌는 '지금 뭔가 잘못됐다'라는 신호를 보내며 두려움을 느끼게 합니다. 또 뇌는 뇌 속의 '새로운 회로'를 만드는 것보다 '기존의 회로'를 계속 사용하려고 합니다. 변화를 싫어하는 뇌의 특성 때문에 습관을 바꾸기는 정말 힘듭니다. 이럴 때는 목표를 정확하게 세우고, 실패하기도 어려운 작은 목표를 세워서 시작하면 됩니다.

　뇌의 시냅스의 가지 치기는 뉴런 간의 연결을 형성하고 강화하는 과정을 말합니다. 시냅스의 가지 치기는 뇌의 발달과 학습에 중요한 역할을 합니다. 경험과 학습을 통해 시냅스를 적절히 형성하고 유지하는 것은 인지 능력과 기억력을 향상시키는 데 도움을 줍니다.

출생 시에는 시냅스가 20조 개 정도이지만, 6세 전후가 되면 시냅스의 연결은 1천 조 개 이상으로 급속하게 증가합니다. 10세 이후 사춘기에 접어들면 두 번째 시냅스의 가지 치기가 시작됩니다.

환경 적응에 필요하고 중요한 시냅스는 튼튼하게 만들어 가고, 자주 쓰지 않는 덜 중요하다고 생각되는 시냅스들은 가지 치기를 통해 제거합니다. 뇌를 가장 효율적으로 사용하기 위해 시냅스의 가지 치기가 일어난다고 생각하면 됩니다. 어떤 행위를 지속적으로 반복하면 뉴런은 그렇게 생성한 시냅스를 중요하다고 판단하여 튼튼하게 만듭니다. 반면 자주 하지 않는 행동은 뉴런에게 중요하지 않은 시냅스로 인식하게 하여 제거하게 만들고요. 이렇게 시냅스의 가지 치기가 진행되는 것이지요.

다시 정리할게요.

1. 뇌는 변화를 싫어합니다. 그래서 목표를 구체적으로 세우고, 실패하기도 어려운 작은 목표를 세워서 실천하는 것이 좋습니다.
2. 뇌의 시냅스를 튼튼하게 만들려면 반복, 반복, 또 반복해야 합니다.

우리가 자녀의 습관을 하나하나 형성하고자 할 때 필요한 것은 반복입니다. 예를 들어 '밥 먹고 그릇과 수저 가져다 놓기'를 습관으로 만들고 싶다면, 딱 그 한 가지만 목표로 잡아야 합니다.

이때 참고로 하면 좋을 것이 김익한 교수님의 벌떡 습관입니다. 해야 되겠다 생각이 들었을 때, 벌떡 일어나 실천하는 것입니다. "밥 먹고 바로 그릇과 수저 씽크대에 가져다 놓기"라고 함께 입으로 소리를 내면서 행동하면 훨씬 효과가 좋습니다.

습관 형성에 필요한 최소 시간은 21일, 66일, 100일입니다. 초등학생에게 21일이라는 시간은 길게 느껴질 수 있습니다. 일주일만 반복해도 하나의 행동을 습관화하기에 충분합니다. 초등학교 1학년 때부터 하나씩 습관을 쌓아 가면, 우리 아이들은 습관 부자가 될 수 있을 것입니다.

오늘의 작은 습관이
내일의 성공을 만든다.
- 존 C. 맥스웰

3.
내 자리 스스로 정리하기

마쓰다 미쓰히로 작가는 그의 책 『청소력』에서 말합니다.

"청소에는 힘이 있습니다."

"누구라도 할 수 있는 간단한 '청소'로 인생이 바뀌는 것입니다."

청소를 잘하면 부자가 된다는 말이 있습니다. 정리 정돈이 잘 된 공간에는 돈의 기운을 끌어당기는 자력이 생긴다고 합니다. 또 "청소를 잘했더니 꿈이 이루어지더라"라고 증언하는 사람도 많습니다.

동화의 세계, 꿈의 세계, 천국과 같은 세계 '동경 디즈니랜드'에는 커스토디알이라고 불리는 청소 스태프 6,000명이 있습니다. 청소 스태프들은 300명씩 교대로 15분간 자신이 맡은 구역을 돌면서 디즈니랜드를 깨끗하게 만들어 냅니다.

월트 디즈니가 청소의 힘으로 만들어 낸 디즈니랜드처럼 우리 자녀들도 '청소의 힘'으로 멋진 인생을 만들어 낼 수 있습니다.

우리 교실은 매일 아침 청소, 마무리 청소를 합니다. 그리고 매주 목요일 4교시는 사물함 청소의 시간입니다. 사실 제가 정리를 참 못합니다. 이때까지 정리와 청소를 잘 안 하며 살아 보니, 우리 반 아이들에게는 청소하는 습관을 길러 줘야겠다는 굳은 다짐을 하게 되었습니다.

아침 청소 시간에는 청소왕을 3명 뽑습니다. 청소왕에게는 비타민을 1개씩 선물하고, 친구들의 박수는 보너스로 받지요. 사실 아이들은 비타민을 받고 싶은 마음에 청소를 열심히 하기도 하지요. 비타민 덕분이긴 하지만, 매일 청소하는 습관을 가지면, 더 좋은 것이라 꾸준히 하고 있습니다. 처음 입학해서 덩치도 작은 1학년이 어떻게 청소를 할지 염려가 되었지만, 반복의 힘은 강력했습니다.

2학기가 되어 또다시 시작한 사물함 청소 프로젝트. 이번에는 사물함이 가까운 번호 4명끼리 정리팀을 만들어 주었습니다. 돌아가며 팀장 역할을 하면서, 서로를 도우며 사물함 정리도 너무 잘합니다.

사춘기 자녀를 둔 부모님들이 자주 하는 말씀이 있습니다.
"자기 방이니까 더러워도 그대로 둬라."

반드시 깨끗한 방을 유지하게끔 해야 합니다. 지저분한 방에서 공부하는 아이의 성적은 좋을 수가 없습니다.

부모님, 너무 어려 보이는 1학년도 스스로 잘 할 수 있습니다. 작은 행동 하나부터 꼭 할 수 있도록 해 주세요. 지금부터 해야 사춘기 시절은 당연히 그렇게 해야 한다고 생각하고 합니다.

아래 내용은 예시입니다. 하나의 행동을 습관으로 잡는 데는 21일이 걸린다는 사실을 꼭 기억하시고, 자녀와 좋은 관계를 유지하면서 반복, 반복, 또 반복입니다!

> 양말을 벗어서 바로 빨래함에 넣기
> 밥 먹고 바로 자기 그릇과 수저 씽크대에 넣어 물에 불리기
> 공부를 하고 나서 책상은 깨끗하게 정리하기
> 필요한 것만 사기
> 필요 없는 것은 바로 버리기 등

부자의 책상과 빈자의 책상을 보라.
부자의 책상엔 절대로 너저분한 서류 더미가 없다.
- 브라이언 트레이시

4.
인.생.필.수.습.관.

다시 한 번 말씀드립니다. 좋은 습관은 어릴 때부터 철저하게 반복되어야 합니다.

초등학교 시기가 지나면 몸에 배어 있는 나쁜 습관들은 고치기가 불가능해집니다. 물론 나쁜 습관을 고칠 수 있습니다. 부모님과 자녀 간 잦은 다툼을 기본으로 정말 많은 시간과 노력이 있다면요.

초등학교 1학년 때부터 꼭 길러 줘야 할 인생습관
세상에서 가장 자기 자신을 사랑하기
상대방과 눈 맞추기
인사하기
"감사합니다"라고 말하기
약속 시간 지키기

하루에 30분 운동하기

꼭 양치하고 잠자기

돈이 생기면 50% 저축하고, 나머지 50%로 쓰기

혼자 있는 시간 즐기기

중요한 것부터 먼저 하기

한 번 한 일은 끝까지 하기

진심으로 축하하기

질투, 변명, 고자질하지 않기

수업 시간에 집중하기

오늘의 공부, 반드시 복습하기

모르는 것은 끝까지 물어서 알아내기

생각이 바뀌면 행동이 바뀌고,

행동이 바뀌면 습관이 바뀌고,

습관이 바뀌면 성격이 바뀌고,

성격이 바뀌면 운명이 바뀐다.

– 윌리엄 제임스

〈 part 13 〉

함께 행복하기

초등학교에 입학하면서 자녀는 본격적인 사회생활을 시작합니다. 새로운 환경에서 담임선생님, 학교 친구, 학원 친구들과 인간관계를 형성하고 유지해야 합니다. 자녀의 성장과 발전에 큰 영향을 미치는 이들과 어떻게 관계를 지켜야 하는지 이야기해 보겠습니다.

첫째, 담임선생님과의 관계는 학업적인 성취와 성장에 있어서 아주 중요합니다. 담임선생님은 자녀의 학교생활을 도와주고 지도해 주는 핵심 인물입니다. 따라서 자녀와 담임선생님 간에는 상호 존중과 신뢰가 필요합니다. 자녀는 선생님의 지시와 교육에 열린 마음으로 수용하고, 선생님은 자녀의 능력과 성장을 인정하며 도움을 주는 자세를 가져야 합니다.

둘째, 학교 친구들과의 관계는 자녀의 사회성과 친밀감 형성에 중요한 역할을 합니다. 초등학교는 다양한 배경과 성격을 가진 학생들이 모여 생활하게 되는 공간입니다. 자녀는 존중과 이해를 바탕으로 다른 학생들과 친구 관계를 형성하고 유지해야 합니다. 서로를 도우며 배려하고 존중하는 태도를 갖고, 갈등이 생기면 대화와 협상을 통해 해결하는 방법을 익혀야 합니다. 자녀는 사회적인 교류를 통해 자신의 성장과 발전을 이룰 수 있습니다.

셋째, 학원 친구들과의 관계도 학교 친구들과의 관계만큼 중요합니다. 자녀는 학원 친구들과의 협력과 지원을 통해 공부에 대한 동기부여와 성취감을 얻을 수 있습니다. 상호적인 관계를 유지하며 서로를 도우며 성장하는 모습을 보이는 것이 중요합니다.

1.
기본을 지키자

우리 반 아이들에게 저는 선생님, 친구 등 누구를 만나든, "백 번 만나면 백 번 인사해야 한다"고 이야기합니다. 실제로 복도에서 학교 선생님을 만나면, 아주 큰 목소리로 "사랑합니다(우리 학교의 인사말)"를 외치면서 인사합니다.

인사는 예의와 존중의 표현이자 소통과 관계 형성의 출발점입니다. 인사를 통해 다른 사람에게 자신의 존재를 알리고, 상대방을 인정하고 존중함을 보여 줍니다. 이는 상호 간의 관계를 좋게 유지하고, 서로에 대한 좋은 인상을 심어 줄 수 있는 기회를 제공합니다.

인사는 사람들 간에 긍정적인 에너지를 전달하고, 자신과 상대방을 우호적인 마음으로 인식하도록 돕습니다. 이를 통해 사회적인 상호작용의 원활함에 긍정적인 영향을 미칩니다.

초등학생이 깔끔하게 옷을 입고 가는 것은 외모의 존중과 청결을 나타냅니다. 학교에서 다양한 활동을 하게 되는데, 이때 깔끔한 옷차림은 자신감을 향상시키고, 주변 사람들에게 긍정적인 인상을 심어 줍니다. 자신감과 긍정적인 자아 이미지는 학업과 사회적인 관계에서 성공을 이끌어 내는 데 중요한 역할을 합니다.

옷을 전날 미리 챙겨 두고 자는 습관은 시간 관리와 준비력을 향상시킵니다. 전날 옷을 준비해 두면 아침에 준비하는 시간을 절약할 수 있으며, 학교 출발 시간을 더욱 효율적으로 활용할 수 있습니다. 일정한 시간에 옷을 준비하는 습관은 자기 관리와 책임감을 기를 수 있는 기회를 제공합니다.

예의와 타인에 대한 배려는
푼돈을 투자해 목돈으로 돌려받는 것이다.
– 토머스 소웰

2.
따로 또 같이

심리학자들은 인생을 사는 데 있어 내 마음을 편하게 털어놓을 수 있는 친구는 5명, 공통의 관심사를 가지고 교류하는 친구는 15명이 필요하다고 했습니다. 친구들과 함께하는 것이 좋은 이유는 함께 연결되면서 또 다른 세계를 접할 수 있기 때문입니다. 인생은 자신과 잘 통하는 친구를 만들어 가는 과정입니다.

초등학교 고학년이 되면 따돌림 문제가 꼭 생깁니다. 이때 꼭 부모님이나 담임선생님께 이야기하라고 알려 주세요. 또 왕따를 당하거나 친구가 없어 힘들어 하는 자녀에게 먼저 이렇게 이야기 해 주세요.

"너에게는 '나라는 듬직한 친구'가 있지. 나라는 친구와 함께 즐겁게 생활하다 보면, 내 마음 알아주는 친구가 '짠' 하고 나타날 거야'라고요. 사실 50살이 다 되어 가는 저도 마음을 터놓을 친구가 없는 것 같아 한 번씩은 외로울 때가 있거든요. 이런 생각은 보통의 어른들도 한 번씩 느끼는 감정입니다.

외로움을 느끼는 자녀를 먼저 다독이고 씩씩하게 혼자 다니는 연습을 하다 보면, 주변의 친구들과 편안하게 이야기할 수 있는 마음이 생길 겁니다.

새롭고 다양한 친구를 사귀는 것은 자녀의 미래에 투자하는 것입니다. 친구들을 통해 서로 도움을 주고받을 수 있기 때문입니다. 이때 자녀가 작은 일이라도 먼저 도움을 주는 사람이 된다고 생각해 보라고 말해 주세요. 먼저 베풀 때, 좋은 친구들이 더 많이 생기기 때문입니다.

자녀들이 항상 새로운 친구를 사귀는 것에만 관심을 가지는지도 살펴봐 주세요. 원래 친했는데 요즘은 잘 놀지 않는 친구에게 먼저 연락할 수 있도록 이야기해 주세요. 느슨한 관계의 친구들과의 연결을 계속하는 것도 중요합니다.

자녀가 친구들을 만날 때 70퍼센트의 시간은 친구의 이야기를 듣고 이해하는 데 쓰고, 나머지 30퍼센트는 자신의 이야기를 하는 데 써 보라고 알려 주세요. 개인적 성향이 더 강해지는 이 시대에 더욱 필요한 것이 '공감'과 '경청'입니다. 친구들의 이야기에 귀를 기울이고 공감하면 내 경험과 생각도 더 풍부해지게 되어 있습니다.

세상에는 배울 점이 있는 사람들이 많습니다. 그 사람들 중에 친구도 포함입니다. 자녀에게 세상에 모든 사람과 물건이 스승이 될 수 있음을 안내해야 합니다. 친구들의 좋은 점은 배우고, 친구의 나쁜 점은 그렇게 하지 말아야지 하고 생각해 볼 수 있게 해 주세요.

자녀의 친구 관계를 존중해 주세요. 자녀의 친구들 중에 부모의 마음에 들지 않는 아이가 있을 수 있습니다. 그때는 기본적으로 자녀의 선택을 인정해 줘야 합니다. 친구의 나쁜 점보다 좋은 점을 찾아서 칭찬해 주는 방법으로 친구를 선택할 수 있는 안목과 바른 가치관을 심어 주는 것이 중요합니다.

친구는 제2의 자신이다.

– 아리스토텔레스

3.
친구의 마음에 빠르게 다가가는 비밀

코로나 19 이후, 인간관계에 어려움을 겪는 사람이 많아지고 있습니다. 대학에서도 인간관계 수업이 인기가 많아, 수강 신청 경쟁이 치열합니다.

자연스럽게 친구를 만나고 사귀는 부모님 시절과는 다른 상황에 당황스러운 분들도 있을 것 같습니다. 저는 교실에서 아이들에게 친구들과의 예절을 종종 가르칩니다. 초등학교 1학년 때부터 꾸준히 귀로 듣고 연습하는 힘은 강력하기 때문입니다.

그럼 친구를 잘 사귀는 방법에 대해 알아볼까요?

첫 번째, 친구들과 이야기할 때 많이 웃고 친구의 말을 많이 듣고 대답합니다. 교실에서 친구가 많은 아이들은 항상 웃고 있습니다. 또한 성격이 긍정적입니다. 친구의 이야기를 잘 듣고, 적극적으로 반응을 합니다.

　두 번째, 자녀가 유머 감각을 가질 수 있도록 가정에서 유머 감각을 키울 수 있는 환경을 만들어 주세요. 교실에서 가장 인기가 많은 아이는 재미있는 아이입니다. 유머 감각이 있는 아이는 언어 능력이 뛰어나고, 대인 관계에서도 자신감이 넘칩니다. 평소에 부모님과 자녀가 농담을 자주 해서 유머 감각을 기를 수 있게 하면 좋습니다.

　세 번째, 자신의 잘못에 대해 변명하거나 친구의 잘못을 절대 고자질하지 않도록 합니다. 숙제를 안 했거나 준비물을 안 가져왔을 때 변명을 하거나, 자신이 잘못한 일에 대해 같이 잘못한 친구를 고자질하는 아이들이 많습니다.

　변명과 고자질하는 행동은 책임 회피를 의미합니다. 변명은 자신의 잘못이나 부족함을 인정하지 않고, 타인이나 외부 요인을 탓하는 행위입니다. 이는 자신의 행동에 대한 책임을 회피하려는 태도로 이어질 수 있습니다. 책임 회피는 개인의 성장과 발전을 저해하며, 문제 해결과 자기 계발을 방해하는 원인이 됩니다.

　변명과 고자질은 타인에게 부정적인 영향을 미칠 수 있습니다. 변명과 고자질하는 행동은 타인에게 불편함이나 불이익을 초래할 수 있습니다. 타인은 변명과 고자질을 듣고 신뢰를 상실하거나 혼란스러워할 수 있으며, 상호 간의 관계에 부정적인 영향을 미칠 수 있습니다. 변명과 고자질은 적절한 의사소통과 원활한 관계 형성을 방해하는 요소가 될 수 있습니다.

학교에서 있었던 친구들과의 이야기를 자녀와 함께 자주 해 보세요. 그 이야기를 듣고, 직접적인 상황 개입보다는 부모님의 경험에 대해 이야기를 들려주면 인생의 지혜도 함께 배울 수 있는 좋은 기회가 될 것입니다.

진정한 친구는 당신에 대해 모든 것을 알고도
여전히 당신을 사랑하는 사람이다.
- 엘버트 허버드

4.
오늘 남아서 해결해야 해요

　우리 반에는 쉬는 시간마다 칠판 앞에 둘, 셋씩 앉아서 이야기하는 아이들이 있습니다. 우리 반에서 이런 행동을 '해결한다'라고 합니다.

　올해부터 시도해 본 프로젝트인데요. 아이들끼리는 하루에 다툼이 여러 건 생깁니다. 작년까지는 저를 중심으로 다툰 아이들을 화해시켰는데요. 올해는 다툰 아이들끼리 대화하고 해결하고 가기를 해 보고 있습니다.

　당사자들끼리 해결을 해야 집에 갈 수 있기 때문에 집에 가려고 사과를 얼렁뚱땅하는 아이들도 있고, 진심을 이야기하며 끝까지 해결을 하는 아이들도 있습니다. 1학년이라 할 수 있을까 염려했지만, 반복을 통한 학습에는 힘이 있었습니다. 이제 다툼을 고백하러 오는 아이들은 당연히 해결을 해야 한다는 것을 알고 있습니다.

다른 반의 아이에게 놀림을 받고 온 우리 반 아이가 있었습니다. 그 아이에게 사과를 받을 수 있는 방법을 알려 주었습니다. 먼저 "어떤 일로 내가 기분이 나빴어. 그래서 너에게 사과를 받고 싶어"라고 이야기를 하라고 알려 줍니다. "그때, 꼭 지켜야 할 점이 있어. 절대 화내지 않고 천천히 이야기를 해야 해. 사과를 하지 않는다면 3번까지는 꼭 다녀와"라는 이야기도 함께 합니다. 그리고 3번까지 사과를 못 받으면 선생님이 그때는 도와줄 테니 편안하게 해 보라고 어깨를 토닥토닥해 줍니다.

이 방법을 시도해 본 우리 반 아이는 다른 반 친구에게 사과를 받고 왔습니다. 저도 올해 처음 해 보는 방법인데요, 아이들에게 문제를 해결할 수 있는 저력이 있음을 느낄 수 있었습니다.

친구들과 싸울 때 아이들은 참 힘들어 합니다. 친구와의 갈등을 푸는 건 어른인 저도 힘듭니다. 초등학교 1학년부터 인간관계 매뉴얼에 따라 연습해 보기를 추천합니다. 친구들과 함께여도 행복하고, 따로 혼자 있어도 행복한 우리 자녀를 만들 수 있을 것입니다.

친구를 선택하는 데는 천천히,

친구를 바꾸는 데는 더 천천히.

- 벤자민 프랭클린

5.
길동이 엄마, 우리 만날까요?

우리 엄마들은 자녀를 낳으며, 내 이름 석 자의 소유자가 아닌 '○○○의 엄마'로 다시 태어납니다. 저는 학부모님의 전화번호를 저장할 때, '○○○의 엄마'가 아닌 ○○○(실제 학부모님의 성함)으로 저장을 합니다. 그런 저를 보고 남편은 여성운동가냐며 놀리기도 하지만, 저의 생각은 확실합니다. 실제로 저는 세 딸의 엄마가 아닌 인간 김선미입니다.

부모님, '○○○ 엄마'가 아닌 ○○○(실제 부모님 자신의 성함)으로 생각하면 좋겠습니다.

자녀의 초등학교 입학과 더불어 학부모의 또 다른 사회생활도 시작됩니다. 학년 초 상담 주간에 어머니들이 가끔 "아는 엄마가 없어, 학교 소식이 늦어서 고민입니다"라는 이야기를 하십니다. 그 이야기를 듣고, 저는 "어머니의 선택이기는 하지만, 꼭 친한 어머니 안 만드서도 됩니다"라고 답변드립니다.

학부모 모임에서 자녀들의 친구 관계, 선생님으로부터 듣지 못하는 학교 소식 등을 듣지 못할까 봐 마음이 쓰입니다. 학부모들과의 관계는 자녀를 연결 다리로 만들어지는 사회적 집단이지만, 자녀들끼리 사이가 안 좋으면 바로 와해되는 집단이기도 합니다. 어제까지 '언니, 동생' 하면서 죽고 못 사는 사이였다가도, 오늘은 언제 알고 지낸 사이였냐는 태도로 지내는 사이가 될 수도 있습니다.

우리가 가장 집중해야 할 존재는 '자녀의 친구 엄마'가 아니고, 자신의 자녀, 그리고 부모님 자신입니다.

학교 소식이 궁금하면 담임선생님이 보낸 학교 가정통신문, 학교 홈페이지, 학급 홈페이지를 꼼꼼하게 읽으면 됩니다. 그리고 자녀와 하교 후에 서로 손을 잡고 눈을 맞추며 오늘 학교생활에 대해 이야기를 나누어 보세요.

학부모 모임, 브런치 모임 갈 시간에 혼자만의 시간을 가져 보세요. 커피 한 잔과 함께 책을 읽어도 좋고, 미뤄 두었던 운동을 하는 것도 추천합니다. '혼자 잘 노는 것'이 가장 중요합니다.

강빈맘 작가는 『내가 엄마들 모임에 안 나가는 이유』에서 이렇게 이야기합니다.

'오히려 모든 사람이 똑같이 친하게 지내야 한다는 믿음 자체가 개인의 자유를 존중하지 않는 위험한 생각이다. 누구에게나 더 가까워지고 싶은 사람과 덜 가까이하고 싶은 사람이 있고, 그것 역시 존중받아야 할 개인의 자유다. (중략) 아이에게도 알려 줘야 한다. 모두 똑같이 친하게 지낼 수 없는 것이 인간관계라고. 그리고 시간이 흐르거나 상황이 바뀌면 관계의 양상 역시 얼마든지 달라질 수 있다고.'

자녀는 학교에서 친구를 보며 인간관계를 배우지만, 가장 크게 영향을 받는 것은 부모의 인간관계입니다. 자신과 자녀를 중심에 두고, 다른 부모들과 서로를 존중하며 인간관계를 맺으면 됩니다.

자녀가 배운 어린 시절의 인간관계를 기초로 자녀는 평생을 살아갑니다. 학부모 모임에 함께하지 못하는 외로움, 학부모 모임에서의 갈등 등으로 힘든 경우가 있더라도 부모가 꿋꿋하게 사는 모습을 보인다면, 우리 자녀는 문제 상황을 해결해 나가는 단단한 인간관계를 경험하게 됩니다.

직접적 이해관계가 없는 느슨한 관계가 가장 사이좋은 관계입니다. 학부모 모임에서 서로에게 예의 갖추며, 적당한 거리를 유지하며, 자신의 영역을 지키는 것이 바람직합니다. 나와 결이 맞고 인간 대 인간으로 만날 수 있는 사람을 만났을 때, 진심을 다해 좋은 관계를 유지하면 됩니다.

'Part 11. 엄마, 나 엄마에게 따뜻한 위로를 받고 싶어요'의 앞 부분에서 이야기한 내용을 다시 한 번 읽어 보고, 자녀와 함께 친구 관계에 대해 생각하고 하나씩 직접 해 볼까요? 부모와 자녀는 함께 크는 인생 동반자입니다.

풍족할 때 친구들은 나를 알게 되고,
역경 속에서 나는 친구들을 알게 된다.
- 존 체턴 콜린스

6.
이성 친구와
평생의 동반자 배우자

'우리 자녀가 초등학생인데 벌써 이성친구와 배우자에 대해 생각한다니, 너무 빠른 것 아닌가요?'라고 생각하고 계시지요?

지인분께 "사위와 며느리를 잘 보고 싶으면, 자녀가 태어났을 때부터 간절하게 기도해야 한다"라는 말을 들은 적이 있습니다. 이 말을 들으며, '일리가 있는 말이구나'라고 생각했습니다.

인생에서 가장 중요한 인간관계는 배우자라고 생각합니다. 이 책을 읽고 있는 부모님들은 배우자와 7년 이상을 살았기에 배우자를 잘 골라야 하는 이유에 대해 알고 계실 것입니다. 그래도 복습하는 의미로 한 번 이야기해 보겠습니다.

첫째, 배우자는 평생을 함께할 사람이기 때문에, 우리의 성공과 행복에 큰 영향을 미칩니다. 배우자는 어려움을 함께 겪고, 서로를 지지하며, 우리의 성장을 도와줍니다. 따라서 우리의 목표와 가치에 부합하며, 서로를 이해하고 지지해 주는 배우자를 선택하는 것은 우리의 행복을 위해 중요합니다.

둘째, 배우자와 함께 가정을 이루게 됩니다. 가정은 우리의 안정과 안락의 공간이며, 우리의 자녀들이 건강하게 자라날 수 있는 환경입니다. 따라서 배우자 선택은 가정의 안정과 행복을 위해 가장 중요한 결정입니다.

셋째, 배우자는 우리의 잠재력을 인식하고, 우리를 격려하며, 우리의 성장을 촉진시킵니다. 우리는 함께 성장하고 발전할 수 있는 동반자를 선택함으로써, 서로를 위한 동기부여와 지속적인 성장을 이룰 수 있습니다.

마지막으로, 배우자 선택은 평생을 함께할 동반자를 선택하는 것이기 때문에, 후회 없는 선택을 해야 합니다. 잘못된 선택은 상호 간의 불화와 불행을 초래할 수 있습니다. 따라서 신중하고 현명한 선택을 통해 평생을 함께할 동반자를 선택하는 것은 우리의 행복과 만족을 위해 매우 중요한 결정입니다.

자녀가 어릴 때 이성 친구와 배우자로부터 안전해야 함을 강조해야 합니다. 요즘 사회적인 이슈가 되고 있는 '데이트 폭력'을 미리 예방해야 한다는 말입니다. 이성적인 호감에 따라 이성 친구를 만나서 사귀다가 마음이 안 맞으면 헤어질 수 있습니다. 좋은 감정으로 사귈 때는 좋지만, 헤어질 때가 더 중요합니다. 서로 사랑을 나누다가 자신의 감정을 인간 대 인간으로 받아 주지 못하거나, 자신의 감정을 주체하지 못하고 상대방을 힘들게 할 때 가장 중요한 안전을 위협하게 됩니다. 상대방의 인격을 존중하는 동시에 이유를 단호하게 말하면서 헤어져야 합니다.

소중한 우리 자녀에게 이야기해 줍시다. "다음에 커서 좋아하거나 사랑하는 사람을 만나면, 진심을 다해서 좋아하고 사랑해야 해. 하지만 너의 안전을 위협할 때는 상대방을 존중하면서 단호하고 절제력 있게 너의 의견을 이야기하고 이별을 이야기하렴." 이렇게요. 그리고 자신의 몸을 지킬 수 있는 방법에 대해 미리 알려 주세요.

미리 자녀에게 미래의 행복한 가정생활을 상상하라고 이야기해 주세요. 상상하는 대로 잠재의식은 인생을 만들어 줍니다. 자녀의 꿈과 미래를 함께할 수 있는 긍정적인 배우자를 지금부터 끌어당길 수 있습니다.

우스갯소리이지만, "떡볶이 사 주는 동네 오빠한테 시집 안 보내려면, 1년에 한 번 호텔 뷔페에 가서 식사를 해라"라는 말도 있습니다. 미리 이성 친구나 배우자 후보를 만날 때 생길 수 있는 일에 대해 이야기해 주세요. 그리고 조금 더 넓은 세상에 대한 경험을 미리 하도록 해 주세요.

결혼은 독립적인 인격체를 갖춘 한 사람과 또 다른 한 사람이 만나 한 방향을 향해 가는 것이라고 알려 주세요. 서로의 꿈을 인정해 주고 격려해 주는 사람을 만나야 한다는 것도요. 자신이 케어해야 하는 배우자, 의존하는 배우자를 만나는 것은 바람직하지 않다는 것을 반드시 강조해야 합니다.

그것보다 더 중요한 것은 부모님이 행복한 모습을 보여 주는 것입니다. 그 모습을 보며, 자녀는 미래의 행복한 자신의 결혼 생활을 꿈꿀 수 있습니다.

결혼이란 것은 단순히 만들어 놓은 행복의 음식을 먹는 것이 아니다.
이제부터 노력하여 둘이서 행복의 음식을 만들어 먹는 것이다.
- 피카에로

〈 part 14 〉

나의 인생은
나의 역사다

1.
나의 연혁표

초등학교 6학년 담임선생님은 매일매일 일기를 한 페이지 가득 쓰라고 하셨습니다. 그때는 왜 이렇게 힘들게 하는지 이해가 되지 않았습니다. 40여 년이 지난 지금, 그때 쓴 일기장은 제 보물입니다.

일기는 하루의 기록입니다. 하루하루가 쌓여 일주일이 됩니다. 그 일주일이 한 달, 일 년이 됩니다. 그 기록의 키워드를 적는 것이 인생의 연혁표입니다.

인생의 연혁표는 과거를 돌아보며 미래를 만들어 가는 기초 자료입니다. 자신의 과거를 밑거름 삼아 미래를 예상하고 계획할 수 있습니다. 인생의 굵직굵직한 이벤트를 미리 기록해 주세요. 물론 부모님의 이벤트도 함께 기록해 주세요.

기억해 주세요.

부모님의 인생에서 가장 중요한 것은 바로 부모님 자신입니다!

어릴 때, 열심히 썼던 육아 일기를 조금 더 써 주세요.

자녀가 초등학교 1학년이 되어 글자를 쓰기 시작하면, 하루에 한 줄도 좋습니다. 날짜와 그날의 제일 중요한 1, 2개의 이벤트를 간단하게 쓸 수 있게 도와주세요. 사진과 동영상도 저장해 두면 훗날 기억하기에 더욱 좋습니다.

오늘부터 시작해 보세요.

1년 뒤, 우리 아이가 어떻게 컸는지, 부모님 자신이 어떻게 컸는지 한눈에 보이는, 큰 보물이 되어 있을 것이라 확신합니다.

[예시]

1. 부모님이 쓰기 편한 곳에 자유롭게 쓰면 됩니다.

2. 날짜를 쓸 때, 반드시 연도를 쓰는 것이 중요합니다!

연번	날짜	오늘의 이벤트
1	231201(금)	길동이 생일
2	231202(토)	인생 첫 심부름 한 날 (두부 사오기)
3	231203(일)	길동이 태권도 1품 공인단 (사직운동장)
4	231204(월)	아울렛에서 쇼핑 (길동이 파카 구입)
5	231205(화)	학교에서 율동왕 뽑힘

너는 쓸 일이 없다고 한다.

그렇다면 쓸 일이 없는 것을 쓰라.

– 프리니우스 2세

2.
씽크와이즈로 생각을 정리한다

교실에서 자주 쓰는 마인드맵은 아이디어와 정보를 시각적으로 정리하고 연결하는 도구입니다. 주제나 중심 주제에서 가지 형태로 아이디어를 이어서 기록하며, 관련 아이디어들을 연결해 나가는 방식으로 구성됩니다.

마인드맵은 이런 구성이기 때문에 시각적으로 파악하기 쉽습니다. 자유로운 발상과 연상을 도와주어 창의적인 아이디어 도출에 도움을 줍니다. 마지막으로 큰 그림과 세부 사항을 한눈에 파악할 수 있어서 정보의 구조화와 기억력 강화에 도움을 줍니다.

올해 초 마인드맵에서 좀 더 확장된 생각 정리 도구인 씽크와이즈를 만나게 되었습니다. 우리는 하루에 약 5만 가지의 생각을 합니다. 5만 가지의 생각 중에 몇 가지만 우리 삶에 영향을 끼치는 생각들입니다. 이 생각들은 바로 효과적으로 정리하고 실행에 옮기지 않으면, 그 가치를 잃어버립니다. 이럴 때 필요한 것이 바로 '씽크와이즈'와 같은 도구입니다.

씽크와이즈는 생각을 체계적으로 정리하고 현실로 전환하는 데 필수적인 도구입니다. 그것은 아이디어를 구조화하고, 계획을 세우며, 실행 단계에 이르기까지 전 과정을 돕습니다. 학생들은 공부 계획을 세우고 지식을 체계화하는 데 도움을 받을 수 있으며, 일반인들에게는 일상 업무나 개인적인 목표를 관리하는 데 유용합니다. 전문가들에게는 복잡한 프로젝트를 관리하고, 팀과의 협업을 원활하게 하는 데 필수적입니다.

특히 저는 학교 업무와 학생들의 독서 활동과 진로 활동 측면에서 씽크와이즈를 활용합니다. 자기주도 진로 탐색에서도 씽크와이즈는 중요한 역할을 합니다. 청소년들은 다양한 진로 옵션을 탐색하고, 각각의 가능성을 시각적으로 구조화할 수 있습니다. 이는 학생들이 자신의 관심사, 강점, 목표를 명확히 이해하고, 그에 맞는 진로를 탐색하는 데 도움을 줍니다. 특히 청소년들은 씽크와이즈의 디지털 환경을 친숙하게 여깁니다. 이 도구를 통해 학생들은 학습 내용을 개인의 경험과 연결하고, 지식을 더 깊이 있게 이해하는 데 도움을 받습니다. 이 과정에서 단순한 정리를 넘어서, 실제 생활과 연관된 의미 있는 연결로 이어집니다. 학생들은 씽크와이즈를 활용하여 복잡한 개념을 쉽게 이해하고, 이를 자기 말로 표현하며, 학습 과정에서의 창의력을 발휘할 수 있습니다.

씽크와이즈의 여러 기능 중 원북원맵을 사용하면, 한 권의 책이나 교과서의 내용을 하나의 맵으로 요약할 수 있습니다. 이 맵은 복잡한 내용을 간소화하고, 중요한 부분을 강조하여 학습 과정을 더욱 효율적으로 만듭니다. 이런 방식은 학습자가 핵심 개념과 아이디어를 더 빨리 이해하고 기억하는 데 도움을 줍니다. 어른들도 자신들이 읽은 책이나 공부한 내용을 원북원맵으로 정리함으로써, 지식을 더 오래 기억하고, 새로운 아이디어를 발전시킬 수 있습니다. 인풋을 아웃풋으로 꺼낼 수 있는 도구를 효과적으로 사용하면, 학습과 독서 활동의 효과가 더욱 증대되리라 생각합니다.

중요한 것은 당신이 무엇을 생각하느냐가 아니라
어떻게 생각하느냐이다.

- 에픽테토스

나는 돈을
사랑합니다

1.
나는 돈을 사랑합니다

이 책을 읽고 있는 부모님들은 어릴 때는 돈을 가까이하지 말고, 돈은 밝히는 것이 아니라고 배우셨지요? 하지만 요즘 아이들에게 꿈을 물어보면, '건물주', '회사 CEO' 등의 돈 많은 직업을 말하는 경우가 많습니다. 그만큼 어른, 아이 할 것 없이 '돈'이 관심사가 되어 있습니다.

유대인들은 어릴 때부터 부모가 돈의 중요성과 개념에 대해 교육받습니다. 각 가정의 경제 상황에 대해 자세히 알려 주고 직업 현장을 공유하기 때문에 유대인 아이들은 용돈을 소중하게 씁니다.

전문가들은 경제 교육은 빠르면 빠를수록 좋다고 말합니다. 돈에 대해 공부하고 어떻게 소비하는지를 학습하는 것은 행복한 삶을 만들기 위한 필수 조건이기 때문입니다.

유대인은 돈은 유용한 것이기 때문에 적극적으로 추구해야 한다고 가르칩니다. 하지만 돈만을 추구하게 되면 생겨나는 나쁜 점에 대한 교육도 함께합니다. 유대인은 자녀가 아주 어릴 적부터 저금통에 동전을 넣는 연습을 시킵니다. 돈에 대한 개념이 생기는 5세가 되면 용돈을 주기 시작합니다. 어릴 적부터 저축 습관을 들이는 것이 핵심입니다. 어릴 때 저축하는 습관은 평생 계속됩니다.

초등학교 1학년 때부터 할 수 있는 경제 교육의 예를 들어 드립니다. 자녀의 상황에 맞게 하루라도 빨리 적용해 보길 바랍니다.

> - 먼떼나쓰! 『부자의 뇌를 훔치는 코어 리딩』의 저자 박상배 작가는 먼저 떼어 놓고, 나중에 쓴다는 뜻의 '먼떼나쓰'를 강조합니다. 용돈의 50%를 떼어 저축하고, 50%만 소비하게끔 어릴 적부터 습관을 잡아 주세요.

> - 용돈을 주되, 30~50%의 금액을 저축할 수 있는 돈을 감안해서 주세요. 이때 용돈은 정기적으로 정해진 때에 주고, 꼭 용돈 기입장을 필수로 쓰게 해야 합니다.

> - 특히 생일이나 명절 등 특별 용돈을 받을 때, 먼떼나쓰를 실천하자!

- 나중에 사라! 오늘 사고 싶은 물건은 바로 사지 말고 메모해 두자. 사고 싶은 마음이 들었을 때, 호흡을 하면서 그 자리에서 나와라. 내일 생각해 보면, 어제 간절히 사고 싶었던 그 마음이 살짝 꺾였을 것이다.

돈은 어려운 시간에 친구가 되어 주지만,
부는 평화롭고 안정된 삶을 준다.
— 로버트 기요사키

2.
진짜 부자, 가짜 부자

돈이 많으면 부자라고 하는데, 진짜 부자와 가짜 부자로 왜 구분이 될까요? 돈이 많다고 다 부자는 아닙니다. 먼저 어떤 사람이 부자인 줄 알아야, 진짜 부자가 될 수 있습니다.

자녀와 아래글을 함께 읽어 보고, 진짜 부자가 될 수 있도록 마인드 셋을 해 봅시다.

돈 많은 사람 중에서 이런 사람이 진짜 부자입니다.

- 진짜 부자는 돈에 대한 진정한 가치를 압니다.

- 진짜 부자는 돈을 어떻게 벌고 관리해야 하는지를 압니다.

- 진짜 부자는 돈을 어떻게 써야 하는지 잘 압니다.

- 진짜 부자는 정당한 방법으로 돈 벌고, 1원도 알차게 씁니다.

- 진짜 부자는 쓴 돈 이상의 가치를 창조해 냅니다.

- 진짜 부자는 사람들의 존경을 받습니다.

부자는 대체로 이런 특성이 있습니다.

- 부자는 절약하고 검소합니다.

- 부자는 미래에 대한 확실한 꿈이 있습니다.

- 부자의 투자는 보수적이지만 때로는 공격적입니다.

- 부자는 세상의 흐름을 읽을 줄 압니다.

- 부자는 매우 긍정적입니다.

- 부자는 메모를 즐겨 합니다.

- 부자는 독서를 좋아합니다.

- 부자는 끊임없이 새로운 분야를 공부하고 도전합니다.

- 부자는 작은 도전을 평생 계속합니다.

- 부자는 5초 안에 결정합니다. 그만큼 의사결정이 빠릅니다.

- 부자는 매일 자산 관리를 합니다.

- 부자는 명품을 사서 오래 씁니다.

- 부자는 먼저 시작하고, 나중에 완벽해집니다.

- 부자는 오래 견디는 힘이 있습니다.

성공의 핵심은 돈이 아니라,
가치를 창출하는 능력이다.
- 워렌 버핏

3.
노블레스 오블리주

'노블레스 오블리주'는 귀족들은 태어나면서부터 타고난 신분에 따른 각종 혜택을 받는 만큼, 윤리적 의무도 다해야 한다는 뜻의 프랑스어입니다. 부와 권력에는 그에 따르는 책임과 의무가 있다는 뜻입니다.

중국 속담에 '한 시간 행복하려면 낮잠을 자고, 하루 행복하려면 낚시를 하고, 한 달 행복하려면 결혼을 하고, 일 년 행복하려면 유산을 받아라. 그리고 평생 행복하려면 네 주위의 가난한 사람을 도우라'는 말이 있습니다.

기부
자선 사업이나 공공사업을 돕기 위하여 돈이나 물건 따위를 대가 없이 내놓음

빌 게이츠, 워런 버핏, 마크 저커버그 등 이름만 들어도 알 수 있는 세계적인 부자들이 재산의 많은 부분을 기부하고 있다는 소식이 간간히 들려옵니다. 기부는 더 나은 사회를 위한 소중한 행동입니다. 기부는 자신의 영향력을 발휘하고 도움이 필요한 사람들을 지원함으로써 사회적인 변화를 이끌어 내는 데 기여할 수 있습니다. 또한 기부는 자신의 가치를 실천하고 사회적인 책임을 다하는 방법 중 하나로서, 개인적인 성취감과 만족감을 얻을 수 있습니다.

미래 사회의 리더가 될 자녀를 키우려면, 어릴 때부터 기부하는 습관을 들여야 합니다. 리더는 사회에 봉사하는 사람이기 때문이지요.

기부는 어릴 때 부모로부터 배워야 하는 습관입니다. 어릴 때부터 기부 문화를 알게 되면, 다른 사람을 돕고 배려하는 사람이 될 수 있습니다. 기부 습관을 들이려면 부모 먼저 기부에 적극 참여해야 합니다. '대한적십자사', '월드비전', '국경없는 의사회', '초록우산' 등의 기부 단체가 있습니다.

자녀와 함께 단체의 성격을 보고 결정해서 조그만 금액부터 정기적인 기부를 해 보는 것은 어떨까요? 금액은 중요하지 않아요. 지금부터 기부하는 부자 습관을 길러 보는 것에 의미를 두고 미래의 부자로 만들어 보는 것입니다.

기부는 우리가 사랑과 관심을 전달하는

가장 강력한 방법이다.

– 제이슨 므라즈

4.
지금부터 투자하자

텔레비전과 유튜브에 자주 등장하는 존 리는 이렇게 이야기합니다. "투자하기에 늦은 때란 없습니다. 분명한 것은 오늘이 내일보다 유리합니다." 하루라도 빠른 오늘, 지금 바로 자녀가 투자하기에 유리하다는 말이지요. 발빠른 투자가 우리 삶을 바꿀 수 있습니다.

재테크는 개인의 금융 상황을 개선하고 재정적인 안정을 추구하기 위해 다양한 방법을 활용하는 것을 말합니다. 저축, 부동산, 주식, 채권, 펀드 등 여러 가지 방법이 있습니다.

주식은 기업이 자본을 조달하기 위해 발행하는 지분을 나타내는 금융상품입니다. 각 주식은 회사의 소유권 일부를 나타냅니다. 주식 투자는 회사의 일부분인 주식을 구매하여 소유함으로써, 그 회사의 성장과 이익에 참여하는 투자 방법입니다.

아침에 일어나서 비누로 얼굴을 씻고, 우유와 씨리얼을 함께 먹고, 옷을 입고 학교로 갑니다. 공장에서 만든 학용품으로 공부를 하고, 집에 돌아와서 컴퓨터로 숙제를 합니다. 이렇듯 우리 생활은 여러 기업과 긴밀한 관계를 맺고 있습니다. 생활에서 우리가 자주 사용하는 제품을 만드는 회사에 주식을 한 주씩 사서, 경제 감각을 길러 보기를 추천합니다.

특히 4차 산업혁명 시대와 미래 시대는 인공지능, 자동화, 빅데이터 등의 기술이 적용되어 인간의 생활과 사회구조에 혁명적인 변화를 가져올 것으로 예상됩니다. 4차 산업혁명 시대를 이끌 회사를 눈여겨보고, 그 회사의 주식을 사서 투자함으로써 그 성장과 발전에 참여하고, 주식 가치 상승과 이익을 기대할 수 있습니다.

영국 캠브리지 대학 연구에 따르면 보통 아이들은 3~4살 즈음에 기본적인 돈의 개념을 이해할 수 있고, 7살이 되면 금융에 관련된 기초적인 개념이 형성된다고 합니다. 워런 버핏은 11세에 주식 투자를 시작했고, 골프장 캐디로 일하며 공을 주워 팔고 워싱턴 포스트를 배달하며 돈을 모았습니다. 그는 고등학교를 졸업하기 전에 이미 네브라스카 북부에 40에이커 농장을 1200달러에 매입하여 농장주가 되었습니다. 93세인 지금까지 80여 년 동안 꾸준히 주식 투자를 하고 있습니다.

초등학생 자녀의 투자는 작은 사이즈로 출발하기를 추천합니다. 명절 용돈과 집안일로 받은 용돈으로 우리나라 대기업 주식 1주, 글로벌 기업 주식 1주씩 사 모으는 것은 우리 자녀의 소중한 경제 경험이 될 것입니다. 여기서 주의할 것은 장기적인 투자가 되어야 된다는 것입니다. 명확한 투자 목표와 계획을 설정하고, 다양한 포트폴리오를 구성하는 것이 중요합니다. 그리고 투자할 회사에 대해 자세하게 조사해 봐야 합니다. 초등학생 자녀와 직접 주주총회에 참여하는 것도 추천합니다.

주식 투자는 위험도가 존재하므로 감당할 수 있는 수준으로 투자해야 합니다. 자녀와 함께 충분한 연구를 해서 신중한 판단한 후 투자 결정을 내리는 것이 중요합니다.

주식 투자는 당신이 사업가가 되는 것이다.
주식을 사는 것은 회사를 사는 것과 마찬가지다.
- 피터 린치

시장이 오르고 내리는 것을 걱정하지 말고,
얼마나 오래 주식을 보유하느냐에 집중하라.
- 워렌 버핏

⟨ part 16 ⟩

책으로 세상을 만나고,
글쓰기로 세상을 만든다

1.
그림책으로 시작하자

앞에서도 말했듯 도서관에서 우연히 발견한 그림책 『언제까지나 너를 사랑해』를 읽고 갑자기 눈물이 핑 돌았습니다. 백희나 작가의 『알사탕』을 읽으며, 부모님의 사랑을 다시 느꼈습니다. 그림과 조금의 글로 채워진 그림책을 읽고 마음의 울림이 생겼습니다.

우리 반 아이들은 8시 30분부터 8시 45분까지 아침 독서 시간에 그림책을 소리 내어 읽습니다. 글자가 없는 그림책은 그림을 자기가 소리 내어 설명하면서 읽습니다. 1학년 아이들이 읽기에 그림책은 안성맞춤입니다. 그림이 많고 글밥이 적어 글 읽기가 서툰 아이들도 읽을 수 있지요.

글을 모르는 유아들도 그림책 속 그림으로 맥락을 이해하며, 그림책의 내용을 읽어 냅니다. 그림책은 이야기가 짧고 내용이 쉬워서, 독서를 시작하기에 딱 좋습니다. 초등학교 1, 2학년 때는 그림책만 많이 읽어도 충분합니다. 친구들끼리 그림책에 대한 질문과 답을 주고받으며 내용에 대해 이해하고, 숨은 작가의 뜻을 읽어낼 수도 있지요.

여기서 꿀팁을 하나 드립니다. 자녀가 어릴 때 그림책을 읽어주며 잠을 재웠던 부모님, 초등학교 때도 꾸준히 읽어 주길 권합니다. 부모님의 사랑과 실감 나게 읽어 준 책의 내용을 우리 자녀의 잠재의식에 넣고 잡니다. 그만큼 자녀의 뇌 속의 무한한 창고가 넓어질 기회를 선물하는 것입니다.

초등학교 고학년도 물론 좋습니다. 사춘기에 접어들 시기이지만, 어릴 적부터 그림책으로 쌓아 놓은 부모님과의 그림책 사랑은 사춘기를 무난하게 넘어갈 수 있도록 도와 줄 것입니다. 물론 자녀와 충분히 이야기한 뒤에 꼭 결정하길 바랍니다.

아이들이 대상이지만 어른도 감동받을 충분히 좋은 그림책이 많습니다. 주말에 자녀와 함께 그림책 산책해 보길 추천드립니다.

**그림책은 어린이들에게 세상을 보는 눈을 주고,
어른들에게 어린 시절의 마음을 되찾게 해 준다.
- 인터넷 글**

2.
세상과 만나는 첫 번째 문

2022년 투자의 귀재 워런 버핏의 연례 자선행사인 '버핏과의 점심'의 낙찰가가 역대 최고인 1900만 달러(약 246억 원)를 기록했다고 합니다. 그런데 우리가 워런 버핏을 우리가 만나고 싶은 시간에 그것도 무료로 만날 수 있는 방법이 있다고 합니다. 그것이 무엇일까요?

바로 독서입니다. 빌 게이츠, 스티브 잡스, 일론 머스크, 마크 저커버그, 제프 베조스같은 세계적인 부자를 만나서 이야기를 나눌 수 있는 유일한 방법이 독서입니다.

텔레비전이나 스마트폰 같은 영상매체는 강한 중독성이 있습니다. 영상매체를 먼저 접한 아이들은 글자가 촘촘하게 박힌 책을 멀리할 수 밖에 없습니다. 자녀들이 텔레비전과 스마트폰과 더 친해지기 전에 책을 통해 세상을 볼 수 있게 기회를 주길 바랍니다.

옛날 서당에서 가장 먼저 하는 공부는 소리 내어 '천자문'을 읽는 것이었습니다. 소리 내어 읽기는 책을 눈으로 보고, 소리 내어 읽으며 귀로 듣고, 입을 움직이며 근육을 움직이니 몸으로 익히게 합니다. 소리 내어 책을 읽기 시작한 아이들은 평생 책을 좋아하게 됩니다. 또 소리 내어 읽기는 여러 감각기관이 함께 관련되어 있으니, 자녀들의 학습 내용을 더 오래 기억할 수 있도록 돕습니다.

만약 소리 내어 읽을 수 없는 상황이라면, 소리는 내지 않고 입만 움직여서 읽을 수 있도록 안내해 주세요.

여기서 하나 더! 가끔 책을 뒤집어서 읽어 보세요. 신기하게도 잘 읽힙니다. 부모님도 함께 읽어 보세요. 뇌는 똑같은 일상의 반복을 싫어합니다. 뇌는 언제나 새로운 것, 신기한 것을 좋아합니다.

좋은 책을 읽는 것은

과거의 가장 훌륭한 사람들과 대화하는 것이다.

- 르네 데카르트

3.
핵심만 찾아 읽는 코어 리딩

독서를 할 때 가장 먼저 해야 할 것은 '이 책을 읽고, 무엇을 얻을 것인가?'를 정하는 것입니다. 책을 처음부터 끝까지 다 읽지 않아도 표지와 목차, 프롤로그, 에필로그에서 책의 내용을 파악할 수 있습니다.

박상배 작가는 그의 책 『부자의 뇌를 훔치는 코어 리딩』에서 "코어 리딩은 '핵심'을 읽어 내는 것이다. (중략) 문제를 해결하고, 변화를 가져오고, 성과를 창출하는 데 있어 중요한 역량은 코어 리딩이다. 피상적인 현상만을 보는 것은 단순한 리딩에 불과하다. 반면 코어 리딩은 다양한 정보들 중 나에게 필요한 핵심 포인트를 추출하고, 그것에서 지혜와 통찰을 얻는다"라고 말합니다.

책에서 읽어야 하는 것은 작가가 하고자 하는 이야기입니다. 자녀가 궁금해 하는 것, 즉 호기심을 가지고 책을 선택한 뒤 표지와 목차, 프롤로그와 에필로그를 집중해서 읽어 봅니다. 그 속에서 자녀가 궁금해 하는 것을 작가의 이야기 속에서 찾는 것이지요.

코어 리딩으로 책을 읽을 때, 네 가지에 집중해 주세요. '책을 읽으며 가지는 질문(코어 퀘스천)', '핵심 키워드(코어 워드)', '깨달음을 준 문장 또는 깨달음을 직접 적은 문장(코어 인사이트)', '책을 읽고 바로 실천할 문장(코어 액션)'이 그 네 가지입니다.

그리고 책을 읽으며 연필이나 색연필로 중요한 단어, 문장에 밑줄을 긋고, 자녀가 느낀 것과 이 책을 읽고 나서 실천할 내용을 책의 여백에 적을 수 있으라고 이야기해 주세요. 우리가 책을 읽는 이유는 글자를 읽기 위함이 아니라, 자신이 지금 가지고 있는 문제를 해결하기 위해서입니다. '자신의 문제 해결'이 책을 찾아서 읽는 이유입니다.

책을 읽고 난 뒤 알게 된 내용과 실천한 내용을 기록하고 보관해 두었다가 다음에 필요할 때 꺼내 볼 수 있게 하는 것이 중요합니다. 세상에 많고 많은 지식 중 원하는 것만 골라서 자신의 생활에 적용하고 실천하는 것이 '편집력'입니다. 미래 사회에서 꼭 필요한 능력이라고 할 수 있습니다.

자녀에게 나는 이 책에서 무엇을 해결할 것인가?라는 질문을 가지고 책을 선택할 수 있도록 꼭 안내해 주세요. 이때까지 그냥 읽었던 책들과는 다른 느낌을 받을 수 있을 것입니다.

책의 가치는 당신이 그것으로부터

무엇을 가져갈 수 있는지에 의해 측정된다.

- 제임스 브라이스

4.
아는 단어만큼
세상이 보인다

어휘

어떤 종류의 말을 간단한 설명을 붙여 순서대로 모아 적
어 놓은 글

문해력

글을 읽고 이해하는 능력

책을 읽으려면 문해력이 필요합니다. 학교에서 공부를 할 때도
문해력이 필요합니다. 글을 읽고 이해하고자 할 때 가장 중요한 것
은 어휘를 잘 아는 것입니다. 초등학교 교과서에 나오는 어휘는 그

학년에서 꼭 알아야 하는 내용들입니다. 그 어휘를 알아야 해당 학년의 교과서를 읽고 이해할 수 있습니다.

초등학교 6년 동안 교과서로 배울 수 있는 어휘는 2만 7천여 개라고 합니다. 숫자를 보면 너무 많아 보이지만, 1학년 때부터 그 학년마다 익혀야 할 단어를 수업 시간을 통해 익히고 올라왔다면 충분히 이해할 수 있습니다.

초등학교 선생님들은 교과서에 있는 어휘를 설명하기 위해 다른 어휘를 곁들여 이야기합니다. 담임선생님, 친구들과 함께 수업을 하고 놀이를 하면서 아이들의 어휘는 늘어갑니다. 그리고 이 어휘력은 자녀의 지식을 늘리는 데 든든한 토대가 됩니다.

아이들이 어휘를 늘리는 데 있어 가장 좋은 방법은 부모님과의 상호작용입니다. 자녀와 유대 관계를 형성하고 대화를 나누는 것이 아이의 언어 신경처리 능력에 영향을 준다는 연구 결과도 있습니다. 눈을 맞추며 따뜻한 한마디, 오늘부터 나누어 보시기를 추천합니다.

대화할 때는 유아어보다는 평상시에 쓰는 어휘를 사용해 주세요. 예를 들어 '치카치카'보다는 '양치질'이라는 어휘를 쓰는 것이 좋습니다. 유아어는 듣기 재미있고 이해하기 쉽지만, 다시 어른들이 쓰는 어휘로 바꾸려면 노력이 필요하기 때문입니다. 실제로 어른들이 쓰는 어휘를 사용하는 아이들의 어휘력이 뛰어난 것을 생활 속에서 볼 수 있습니다.

자녀에게 조그마한 수첩—공책도 괜찮습니다—과 종이로 된 국어사전을 하나 마련해 주세요. 교과서, 책, 부모님과의 대화 등 생활 속에서 듣거나 읽은 어휘를 '나만의 단어장'에 기록하며, 필요할 때 찾아보는 것도 좋습니다. 전자 사전도 좋지만 종이로 된 국어사전을 넘기며 익힌 어휘는 좀 더 오래 기억할 수 있습니다. 국어사전은 초등학생용으로 나오는 것도 있으니, 자녀의 수준에 맞게 선택하면 됩니다.

식재료가 많으면 좀 더 풍성한 요리를 만들어 낼 수 있듯이, 풍부한 어휘력은 자녀의 언어 생활을 윤택하게 만들어 줄 것입니다.

어휘력은 자유를 가져다준다.

- 윌리엄 텔

5.
신문으로 세상 읽기

종이 신문보다 인터넷으로 세상의 정보를 쉽게 검색할 수 있습니다. 인터넷으로 검색을 하다 보면 광고나 다른 기사로 넘어가기도 쉽습니다. 하지만 종이 신문이 주는 매력은 따로 있습니다. 손으로 넘겨 가며 눈에 띄는 기사를 집중해서 읽어 보고, 필요한 내용은 스크랩해서 보관할 수도 있습니다.

앞에서 이야기한 것처럼 우리 자녀들 독서는 그림책으로 시작하고, 사회, 과학 교과목이 도입되는 3학년부터는 다양한 책과 더불어 종이 신문을 접하게 해 보는 것도 좋습니다. 어린이 신문에는 시대 흐름에 맞고, 아이들 수준에 맞는 기사가 가득합니다. 그 중에서 사진 하나와 헤드라인 제목만 읽으면 됩니다. 처음부터 신문 구석구석에 있는 작은 기사까지 읽으라고 강요를 하면 아이들은 지

레 겁을 먹을 것입니다. '숨은 그림 찾기', '십자말 풀이', '퀴즈' 등으로 '신문은 재미있는 것'이라고 생각하게 해 주세요. 그러다 신문을 읽고 싶다는 마음이 생기면 시키지 않아도 아이들은 읽습니다.

어른 신문을 구독했을 때 어린이 신문이 따라오는 경우라면, 어린이 신문 홈페이지에서 필요한 기사만 출력해서 보기를 추천합니다. 계속해서 어린이 신문을 읽고 싶다고 자녀가 이야기할 때 구독해도 충분합니다.

어린이 신문 홈페이지

어린이조선 https://kid.chosun.com/

어린이동아 https://kids.donga.com/

어린이 경제신문 https://www.econoi.com/

소년한국일보 https://www.kidshankook.kr/

6.
휘리릭 딱따라 책쓰기로
작가 되기

작가

문학 작품, 사진, 그림, 조각 따위의 예술품을 창작하는
사람

ISBN

1. 국제 표준 도서 번호
2. 각 출판사가 출판한 각각의 도서에 국제적으로 표준
화하여 붙이는 그 고유의 도서번호

부모님의 자녀도 작가가 될 수 있습니다. 아니, 벌써 우리 아이
들은 작가입니다. 오늘 생활을 담은 일기를 쓰는 작가, 교실에서 만

드는 북아트 작품의 작가, 학교 홈페이지에 글을 쓰는 인터넷 작가입니다.

숙제로 내어 주는 일기를 읽다 보면 글을 너무 맛깔나게 잘 적어서 '이 아이는 어떻게 이리도 글을 잘 쓸까?'라는 생각이 들 때가 있습니다. 살짝 아이를 불러 물어보면, "하루에 있었던 일 중에서 가장 중요한 일을 골라서, 했던 일과 느낀 일을 자세히 생각하고 편안하게 쓰면 돼요"라고 이야기합니다.

실제로 글을 잘 쓰려면, 여러 가지 일 중에서 중요한 내용을 먼저 골라야 합니다. 자신에게 필요한 내용을 알고 있는 것, 이것을 '메타인지'라고 하지요. 글감을 정하고 글을 쓰기 시작하면 그 뒤부터는 '어떻게 쓸 것인가'를 생각해야 합니다. 여기에서 필요한 것이 앞에서 이야기한 '어휘력'과 '나만의 색다른 표현'입니다. 평소에 수업 시간과 생활에서 알게 된 '어휘'와 '나만의 색다른 표현'을 '나만의 단어장'에 적어 놓고, 글을 쓸 때 사용하면 됩니다. '나만의 색다른 표현'은 다양한 분야의 독서와 많은 경험에서 찾을 수 있습니다.

요즘은 북아트 재료를 인터넷 쇼핑몰에서 편하게 구입할 수 있고, 전자책 쓰기를 하는 인터넷 사이트도 많습니다. 유튜브에는 전자책 쓰는 방법에 대한 동영상이 가득합니다. 관심이 있으면, 길은 너무나도 많습니다.

부모님과 함께 찾아보고, 가족 사진과 느낌을 담은 전자책을 출간해 보는 기회를 가져 보길 추천드립니다. 이때 꼭 ISBN을 부여받을 수 있는 전자책을 출간해야 합니다.

『쪼가 있는 사람들의 결단』 그리고 이 책을 쓸 때 쓰고 있는 '딱 따라 책쓰기 비법'에 대해 살~짝 전해 드립니다. 부모님이 먼저 해 보시고, 자녀에게 알려 주세요.

먼저 내용도 문체도 맘에 들어 딱 이 책처럼 쓰고 싶다는 책을 고르세요. 선택한 이 책을 '딱 책'이라고 합니다. 주제는 달라도 괜 찮습니다.

두 번째, '딱 책'을 한 꼭지 읽고, 글을 쭉 씁니다.

세 번째, '딱 책'을 소리 내어 읽습니다. 이때 꼭 소리를 내어 읽 어야 합니다. 소리를 내어 읽으며 '딱 책'의 리듬을 몸으로 느끼는 것입니다.

네 번째, 마지막으로 두 번째에서 쓴 자신의 글을 소리 내어 읽 으면서 자신의 글을 수정하면 됩니다.

'딱따라 책쓰기 비법'으로 계속 반복하면 10일 안에 놀라운 글 쓰기를 성공할 수 있습니다. 자신의 잠재력을 믿고 도전해 보세요!

글을 쓰는 법을 음악에서 배웠거든요.
음악에서 제일 중요한 건 리듬이죠.
- 무라카미 하루키

1.
가족과 함께 읽자

모든 공부의 원천은 가족입니다. 그만큼 가정환경이 중요하다는 말이지요.

저녁을 먹고 여유로운 시간에 딱 10분만 거실에서 함께 책을 읽어 보세요. 가족과 함께 10분만 집중해 봅시다. 스마트폰, 텔레비전 모두 끄고 같이 읽으면 10분은 후딱 지나갈 거예요.

실제로 교실에서 성적이 좋고 모범적인 아이들은 독서가 생활화되어 있습니다. 책을 너무 싫어하는 아이들도 부모님과 함께 편안한 분위기에서 일주일, 1개월, 3개월 지속적으로 10분 독서를 이어 간다면 스스로도 할 수 있을 것입니다. 아이들은 저력이 있습니다. 부모님의 믿음이 뒷받침된다면요.

가족은 독서의 날개다.

– 조셉 애디슨

⟨part 11⟩

공부 그릇
키우기

1.
바쁘다 바빠, 손뇌

초등학교 시기는 구체적 조작기에 해당합니다. 이 시기 아이들은 직접적인 경험이나 조작에 의해서만 기억할 수 있습니다. 구체적인 조작과 경험으로 배우면 오래 기억할 수 있습니다. 또 즐겁게 공부할 수 있습니다.

1학년 우리 반 아이들은 매일 "오늘 만들기 하면 좋겠어요"라고 이야기합니다. "만들기 하자"라고 이야기만 하면 만세를 부르며 콧노래를 부릅니다. 쉬는 시간이 되면 색종이로 딱지 접기, 이면지에 그림 그리기, 그린 그림으로 로봇 만들기 등 아이들은 조작 활동을 한다고 너무나 바쁩니다. 아이들이 이렇게 조작 활동을 좋아하는지, 온몸으로 느끼는 한 해였습니다.

저는 아이들에게 이면지에 마음껏 낙서를 하도록 권유합니다. 실제 낙서는 초등학생의 창의력 신장, 감정 표현, 손, 눈, 뇌 조율 기술 향상, 자기표현의 수단이 된다고 합니다. 낙서를 마음껏 하는 아이의 얼굴은 참으로 행복합니다.

초등학교에 들어오기 전에 가위질, 색종이 접기, 점토 놀이, 레고 놀이 등을 충분히 하게 해 주세요. '이 활동들이 무슨 도움이 되겠어?'라는 의문이 들 수 있지만, 이런 조작 활동으로 우리 아이들의 손뇌가 발달합니다. 손으로 조작하는 활동을 많이 하면, 실제로 뇌의 기능이 향상된다는 연구 결과가 있습니다. 자녀가 어릴 때 한 번이라도 더 조작 활동을 할 수 있도록 적극적으로 도와주세요.

인간은 손을 운동하는 데보다 조작하는 데 쓰기 시작한 때부터 지식을 가진 존재가 되었다.

- 아나크사고라스

2.
공부는 맛있다

공부

학문이나 기술을 배우고 익힘

초등학교 5학년쯤 되면, 교실의 아이들은 "도대체 공부는 누가 만들었어요? 이렇게 힘든 것을요"라는 이야기를 자주 합니다. 얼마나 하기 싫으면 공부를 만든 사람까지 궁금한지, 이야기를 들으며 저는 씩 웃습니다.

유대인 교사들은 초등학교에 입학하면 손에 꿀을 찍어서 22자의 히브리 알파벳 글자를 따라 쓰게 한 다음 손가락을 빨아먹게 하거나, 히브리 알파벳 모양의 과자를 먹게 합니다. 공부는 꿀이나 과자처럼 달콤하고 즐거운 일이라는 것을 몸으로 익히게 하는 것이지요.

어릴 적부터 '공부는 재미있고 즐거운 일'이라는 생각을 하게 해 줘야 합니다. 독서를 그림책으로 시작하는 것과 초등학교 교과에 스토리텔링이 도입된 것도 같은 맥락이라고 생각하면 됩니다.

초등학교 1, 2학년은 평생의 공부 여행에서 굉장히 중요합니다. 1, 2학년 때 공부가 즐겁다고 느낀 아이는 학습의 폭이 좀 더 넓어지는 3, 4학년을 수월하게 지나갈 수 있습니다. 중학교를 준비해야 하는 시기인 5, 6학년도 물론 무난히 지나갈 수 있습니다.

초등학교에서 공부는 건물을 짓는 것과 같습니다. 철근을 단단히 넣어 기초공사를 하는 시기인 1, 2학년을 거쳐 실제 건물을 짓는 시기가 초등학교 3~6학년인 것이지요. 건물을 모양을 갖추고 난 뒤 건물의 외형을 꾸미는 것을 중, 고등학교 시기라고 생각하면 됩니다. 건물이 제대로 지어지지 않으면 건물의 외형이 화려해도 튼튼하지 않기 때문에 태풍과 폭우에 쉽게 무너질 수 있습니다.

초등학교 시절, 부모님과 교사는 아이들이 공부는 즐겁고 좋은 것이라고 느끼고 기본 학습 태도를 기를 수 있도록 온 힘을 다해야 합니다. 그 기본 토양으로 우리 아이들은 평생을 살아갑니다.

공부는 우리가 더 나은 미래를 만들 수 있는 도구이다.

- 말콤 X

3.
공부하는 가정환경

    초등학생 자녀가 공부를 잘하길 원한다면 가족이 함께 공부해야 합니다. 거실에 큰 탁자를 놓고, 가족이 함께 공부하는 것이지요.

    초등학생이 되면 책상과 침대가 있는 공부방을 만들어 줍니다. 하지만 초등학교 1, 2학년은 아직 자기주도 학습이 어려운 나이입니다. 공부를 할 때 모르는 것은 바로 물어볼 수 있는 환경을 만들어 주는 것이 좋습니다. 공부방에서 공부하다가 모르는 것을 물으러 나오게 되면 공부의 흐름이 끊깁니다. 그리고 공부하다가 모르는 것이 있을 때 물을 수 있는 부모님이 있다는 것만으로도 '공부는 함께하는 것이구나'라고 느낄 수 있습니다.

    가족이 함께 공부하면서 '우리 부모님도 공부를 하는구나'라고 느낄 수 있게 해야 합니다. 'Part 12. 습관의 힘(습관력)'에서 이야기한 것처럼 뇌의 시냅스를 굵게 만드는 것은 '반복'입니다. 가족과 함께 공부하는 분위기를 '반복'적으로 만들어 주면, 자녀들의 공부하는 습관은 저절로 만들어질 것입니다.

당신의 자녀는 당신의 모습 그대로 자랄 것입니다.

아이들이 자라길 원하는 대로 행동하세요.

– 데이비드 블라이

4.
틀리면 칭찬받는다?

우리 반은 참 이상한 반입니다. 틀리게 대답했다고 상을 받고 칭찬을 받습니다. 그런 일들을 우리 반에서는 '깊은 가르침'이라고 합니다.

저도 선생님이 받아야 하는 교육연수에 가서 질문을 받으면, 그 순간 긴장해서 '얼음'이 됩니다. 교실에서 아이들에게 "발표를 잘해야 해"라고 강조하는 저인데도 말이지요. 저도 이런데 초등학생이 발표를 할 때 떨리는 것은 당연한 일이지요. 그래서 아이들에게 항상 "틀려도 돼. 별일 아니야"라고 말합니다. 발표할 때 틀리는 것은 긴 인생에서 정말 별일이 아니지요.

이 시기 아이들에게 중요한 것은 '틀리더라도 자신 있게 발표하는 태도'입니다. 친구들이 발표할 때, 틀리면 박수를 더 많이 쳐야 한다고 가르칩니다. 일어나서 발표했는데 틀리면 가장 당황하는 사람은 자기 자신입니다. 틀렸다는 민망함보다는 '이번에 일어나서 발표한 것도 대단한 일이야. 다음에도 또 해 봐야지'라고 느끼게 해야 합니다.

1학년 아이들도 '깊은 가르침'이라는 단어를 이제는 익숙하게 사용합니다. 긴 인생에 필요한 것은 친구들끼리 주고받는 '깊은 가르침'이지 않을까요?

우리는 친구들로부터 배움의 씨앗을 심을 수 있다.
그들과의 교류를 통해 우리는 새로운 아이디어와 시각을 얻을 수 있다.
– 에머슨

5.
오늘의 급식 메뉴는?

아침마다 우리 반은 노래 꾸러미를 펼칩니다. 애국가, 교가, 1단~12단 구구단 송, 시계송, 급식송, 한국을 빛낸 100명의 위인들 등 일주일마다 래퍼토리를 바꿔 가며 부릅니다. 일어나서 율동을 함께하기도 합니다.

특히 그날의 급식 메뉴를 동요 〈학교종〉 반주에 맞춰 부르는데요. 아이들이 가장 좋아하는 급식 시간을 기대하며, 그날의 급식 메뉴를 외워 봅니다.

'노래 가사 바꾸기' 활동을 통해 어렵고 딱딱한 사회 교과를 즐겁게 배울 수도 있습니다. 1학년 때부터 미리 '노래 가사 바꾸기' 활동의 재미를 맛보는 것이지요. 제가 〈학교종〉 반주를 틀어 놓으면, 아이들은 자동으로 그날의 급식메뉴 노래를 부릅니다.

'노래 가사 바꾸기'로 암기하는 방법을 '노래 부르기'로 하면, 노래 부르면서 즐겁게 암기할 수 있습니다. 3월 초부터 반복적으로 하니, 때로 아침에 놓치는 날은 아이들이 "오늘 왜 노래 꾸러미 안 해요?"라고 묻습니다. '반복'의 힘은 이렇게 강력합니다.

노래로 하는 공부는

지식을 멜로디로 풀어내는 환상적인 방법이다.

– 비토리오 호세

6.
부자 글씨로 진짜 부자가 된다

글씨 쓰기는 손의 근육을 이용하는 대표적인 조작 활동입니다. 글씨를 또박또박 쓰려고 할 때는 인내심과 집중력이 필요합니다. 글씨를 바르게 잘 쓰는 아이들은 대체로 자기 자리 정돈을 잘하고, 집중력이 높은 편입니다.

디지털 시대에 이르러 글씨 쓰기의 중요성이 많이 퇴색되고 있지만, 여전히 글씨를 잘 쓰는 사람들은 인정받고 있습니다.

초등학교 1학년에 들어가기 전에 연필을 바르게 쥐는 법, 모음, 자음을 글자의 자형에 맞게 쓰는 연습을 꼭 해야 합니다. 그와 더불어 손의 악력을 높여 주고 미세한 조작 활동을 도와주는 놀이(젓가락으로 콩알 옮기기 등)를 많이 하게 해 주면 좋습니다. 1학년 교육과정에 한글을 익히는 시간이 많이 늘어났지만, 개인적으로 담임선생님이 살펴봐 주려면 방과 후에 남아서 연습하는 수밖에 없습니다.

덧붙여 초등학교 입학 전에 완벽하지는 않지만 더듬더듬이라도 글을 읽을 수 있도록 해야 합니다. 학교를 다니면서 정규 교육과정으로 학습을 하다 보면 점차 정확하게 읽을 수 있습니다. 그리고 맞춤법과 띄어쓰기 또한 학년이 올라갈수록 신경 써야 하는 부분입니다.

초등학교를 졸업할 때까지 반드시 연필로 글자를 쓰게 해야 합니다. 고학년이 되면 샤프 펜슬을 쓰기 시작하지만, 자녀의 바른 글씨체를 위해서는 연필로 글자를 쓰게 하는 것이 좋습니다.

글자를 바르게 쓰면 그 사람을 보는 인상도 좋아집니다. 돈이 따라붙는 부자 글씨체가 있습니다. 구본진 작가의 책『부자의 글씨』에 실린 '부와 운을 끌어당기는 10가지 필체' 중 제가 실천하는 몇 가지를 소개합니다. 부자의 글씨고 꾸준히 쓰니, 벌써 부자가 된 기분이 든답니다.

1. 인내와 끈기로 가로선을 길게 하라.

2. 긍정적인 마인드로 오른쪽 위를 향하라.

3. 절약과 실속을 위해 미음을 굳게 닫아라.

4. 자신감과 용기를 품고 크게 써라.

글쓰기는 우리의 생각을 정확하게 담아내고
자신을 표현하는 소중한 방법이다.

– 루이자 메이 올콧

1.
수학 80점? 영어 40점?

고 3까지 아이를 키우면서 깨달은, 놓치지 않고 꾸준히 해야 하는 공부가 있습니다. 바로 수학, 영어, 국어입니다. "국어는 우리나라 말인데, 왜?"라고 질문하는 부모님이 있을 것입니다. 실제로 수능에서 점수 차이를 나게 하는 과목이 국어입니다. 너무 어려워서 불국어라고 부르기로 하지요.

사춘기가 접어들면 아이들은 잠만 자려고 하고, 엄마가 한마디를 하면 불같이 화를 냅니다. 질풍노도와 같은 사춘기가 지나가면, 자녀가 부모에게 하는 의외의 불평이 있습니다. "사춘기 때 나 목이라도 잡아서 학원을 보내 주지 그랬어."

실제로 수학, 영어, 국어는 연계성이 있는 교과목이라서, 공부의 끈을 한 번 놓으면 열심히 하는 친구들을 따라잡기 어렵습니다. 사춘기 때 자녀가 부모의 기를 채우는 상황이라도 자녀의 수학, 영어, 국어는 챙겨 주길 바랍니다. 너무나 힘든 과정일 것입니다. 미리 응원드립니다! 참고로 빠르면 4학년부터 사춘기를 시작하는 아이도 있습니다.

자녀의 수학 시험 점수가 80점, 영어 시험 점수가 40점이면 어떤 과목에 집중하시겠습니까? 보통 학부모님은 영어가 부족하니 영어 성적을 올리는 데 집중하시겠지요? 이때는 수학에 좀 더 집중해 보세요. 잘하는 것을 더욱 잘하게 하는 것이 핵심 포인트입니다.

자녀의 강점에 집중하세요! 먼저 잘하는 과목에서 자신감을 얻고, 그 후에 취약한 부분을 메워 나가는 전략을 추천합니다.

아이의 강점은 그들의 미래를 밝게 비추는 등대이다.
교과 성적은 그들의 강점을 향상시키는 방향으로 이끌어져야 한다.
- 알버트 아인슈타인

8.
복습, 복습, 또 복습

중·고등학교 전교 1, 2등 학생은 시험이 끝나면 친구들과 놀러 가지 않습니다. 시험에서 틀린 문제를 오답 노트에 적고, 곰곰이 생각하며 왜 틀렸는지에 대해 자세하게 적어 둡니다. 자격증 시험을 준비하는 사람들은 시험 당일 오답 노트만 들고 가서, 자신의 취약한 부분을 보강하며 시험에 임합니다.

만약 예습과 복습 중에 하나만 고르라고 하면, 부모님은 어떤 것을 고르시겠어요? 저는 복습을 선택하겠습니다. 어제 친 시험을 오늘 다시 친다고 했을 때 복습을 하지 않은 아이들은 어제 틀린 문제를 그대로 틀립니다. 시험을 잘 치고 싶다면, 자신의 약한 부분을 메워 나가야 합니다. 틀리는 문제, 틀리는 유형은 또다시 틀립니다. 이때 필요한 것이 '반복'입니다. 오늘 틀리면 복습하고, 내일 틀리면 다시 복습합니다. 그다음날 또 틀리면 다시 복습합니다.

세상에 공부 잘하는 방법은 딱 한 가지입니다.
될 때까지 또 풀고, 또 푸는 방법밖에 없습니다.

복습은 우리의 지식을 정리하고 정확하게 기억할 수 있는 방법이다.

– 윈스턴 처칠

9.
집중의 힘

부모님이 제가 이야기하는 상황 속 주인공이라고 상상해 보세요. 학교에서 선생님이 어려운 수학 문제를 냅니다. 반 아이들은 모두 수학 문제를 풀고자 하지만 너무 어려워 시간이 너무 많이 걸립니다. 집중하고 또 집중합니다. 결국 문제를 풀었습니다. 그것도 우리 반에서 1등으로요. 무엇인지 알 수 없는 짜릿함에 휩싸인 채, 책상을 쾅! 치며 벌떡 일어납니다.

이런 상황이 집중이자 몰입입니다. 황농문 작가는 그의 책 『몰입』에서 '과학사에 이름을 남긴 천재들은 특별한 연구법을 갖고 있는 것이 아니고, 몰입을 통해 극한의 집중력을 발휘함으로써 두뇌를 100퍼센트 활용하는 재능을 지닌 사람들이다'라고 말합니다. 아인슈타인도 "나는 몇 달이고 몇 년이고 생각하고 또 생각한다. 그러다 보면 99번은 틀리고, 100번째가 되어서야 비로소 맞는 답을 얻어 낸다"라고 했습니다.

황농문 작가는 '몰입은 나이나 학력, 지적 수준과 상관 없이 가능한 일이다'라고 말합니다. 자녀들이 분명한 목표를 정하고, '지금 하는 일이 자신에게 가장 중요한 일이다'라는 마음가짐으로 공부하도록 해 주세요.

수학 문제를 풀 때, 하루 이틀이 걸려도 해결할 때까지 계속 몰입하는 환경을 만들어 주세요. 시험 공부할 때도 수학 공부했다가 영어 공부하는 것보다, 한 과목을 몰입해서 하는 것을 추천합니다. 몰입을 체험해 본 아이는 그 쾌감을 기억해서, 어른이 되어서도 자신의 직업에 몰입할 수 있습니다.

요즘 아이들은 너무 바쁩니다. 공부하다가 카톡도 확인해야 하고, 전화도 받아야 합니다. 과학적으로 여러 가지 일을 한꺼번에 하는 멀티태스킹은 불가능한 것으로 입증이 되었습니다. 공부를 할 때는 반드시 핸드폰을 멀리 두고, 공부만을 해야 합니다. 물론 휴식할 때는 또 휴식에 몰입해야 합니다.

지금 하고 있는 일에 온 정신을 집중하라.
햇빛은 한 초점에 모아질 때만 불꽃을 낸다.
- 알렉산더 그레이엄벨

10.
작품 이름 '입시' 스케치하기

내년에 고 1이 되는 둘째에게 첫째가 벌써부터 "수능 체계가 완전히 바뀌기 때문에, 너는 재수하면 절대 안 된다"고 겁을 줍니다. 대한민국 교육은 수능과 떼려야 뗄 수 없습니다.

'우리 아이는 지금 막 초등학교에 입학했는데, 벌써 수능 이야기입니까?'라는 생각이 드시지요? 저는 첫째가 올해 고 3이지만, 아직도 입시 용어가 낯섭니다.

얼마 전에 '추합'이라는 단어를 듣고, 이건 또 무슨 신조어인지 궁금해서 첫째에게 물었더니, '추가 합격'의 줄임말이라고 합니다. 고 3 엄마가 너무하다고 혼자 생각을 했답니다.

초등학교에 자녀가 입학하면, 그때부터 중학교 내신, 고등학교 내신, 대학교 입시에 대한 정보에 귀를 기울일 것을 추천드립니다. 입시 트렌드에 맞게 자녀들에게 스트레스를 주라는 이야기는 절대 아닙니다. 입시에 대한 큰 그림을 그리고, 우리 자녀에게 맞는 방법으로 교육의 방향성을 잡고 안내해 주길 바랍니다. 안테나는 세우고, 12년의 장거리 레이스라고 생각하고 천천히 움직이시길 바랍니다.

어떤 위대한 일도 하루 아침에 이루어지지 않는다.

– 에픽테토스

11.
끝날 때까지 끝난 것이 아니다

희복탄력성

*자신에게 닥치는 온갖 역경과 어려움을 오히려 도약의
발판으로 삼는 힘*

"공부는 엉덩이로 하는 것이다"라는 말이 있습니다. 그만큼 인
내와 끈기가 필요하다는 뜻입니다.

초등학교 때는 성적이 나오지 않아 직접적인 관련이 없지만,
중학교 1학년 2학기부터 성적이 나오는 시험을 칩니다. 이때 자신
의 기대에 못 미치는 성적이 나오면, 아이들은 실망하고 좌절합니
다. 한편 공부를 잘하는 아이는 기대보다 성적이 못 미쳐도, '또 하
면 되지'라고 생각합니다.

뛰기에 천부적인 소질을 가진 토끼가 낮잠을 자서 끝까지 한 걸음 한 걸음 갔던 거북이에게 진 것처럼 결국은 끝까지 가는 사람이 이깁니다.

김주환 작가는 『회복탄력성』에서 우리 자녀들이 정신적인 어려움을 겪을 때 회복탄력성을 이용해 평상심으로 돌아올 수 있도록, 행복을 뇌에 새기는 연습을 반복적으로 3개월만 하면 된다고 이야기합니다. 긴장을 풀고, 편안한 마음으로 긍정적으로 생각하는 연습을 자녀가 어릴 때부터 할 수 있도록 부모님이 도와주세요. 시험과 입시를 준비할 때도 이 마음으로 한다면 분명 자녀에게 큰 도움이 될 것입니다. 수많은 위기가 왔다가 가는 것이 인생이니까요. 그 위기를 잘 이겨 내고, 우리 자녀가 행복한 인생을 살 수 있도록요.

우리가 만약에 이 순간을 망치게 된다면, 다음에 다시 시도하면 된다.
또 실패한다고 해도, 그다음에 다시 시도하면 된다.
그렇게 우리는 인생을 살아가는 동안 계속해서 시도하는 거야.
- 영화 〈무드 인디고〉

12.
머리가 좋아지는 향기

디즈니랜드는 각 나라의 특징에 따라 다양하게 꾸며져 있습니다. 하지만 공통적인 점이 있습니다. 바로 달콤한 팝콘 냄새입니다. 달콤한 버터 향에는 사람을 상냥하게 하는 효과가 있다고 합니다. 'Part 12. 습관의 힘(습관력)'에서 언급한 깨끗하게 청소된 디즈니랜드에 가득 찬 달콤한 팝콘 냄새는 그곳에 있는 사람들을 행복하게 만들어 주기에 충분합니다.

냄새는 우리가 다양한 환경에서 중요한 역할을 하게 하는 감각입니다. 냄새는 우리 주위의 물질들이 방출하는 기체 분자를 감지하여 뇌에 전달되어 다양한 신호와 정보를 전달합니다. 냄새는 우리의 일상 생활에 큰 영향을 미치며, 기억, 감정, 식욕, 안전 등 다양한 측면에서 우리와 상호작용합니다. 이러한 냄새의 힘을 이해하고 활용하는 것은 우리의 삶의 질을 향상시키는 데 도움을 줄 수 있습니다.

아로마 오일은 식물의 꽃, 잎, 줄기, 뿌리 등에서 추출된 향기로운 에센셜 오일로, 다양한 향과 효능을 가지고 있습니다. 호흡기 흡입, 피부 도포, 복용 등을 통해 체내로 흡수시켜 몸과 마음을 치유하는 물질입니다.

에센셜 오일 사용 시, 반드시 100% 천연성분의 오일을 사용해야 하고, 오일 원액이 피부에 직접 닿지 않도록 하며, 특히 눈에 들어가지 않도록 합니다.

엄친쌤 작가의 『시험 합격 아로마 비밀 레시피』에서 나오는 몇 가지 아로마 오일 레시피를 알려 드립니다. 손바닥, 발바닥은 유일하게 에센셜 오일 원액을 바를 수 있는 곳입니다.

대표적인 학습 오일
: 페퍼민트 오일, 레몬 오일, 로즈마리 오일, 바질 오일, 프랑킨센스 오일, 타임 오일, 베티버 오일, 패촐리 오일

집중력과 기억력을 강화하는 인풋 아로마 요법
: 롤볼 10ml 차광 유리병에 베티버 오일 3방울, 로즈마리 7방울, 바질 3방울, 페퍼민트 오일 7방울, 프랑킨센스 오

일 5방울, 레몬 오일 8방울, 타임 오일 3방울을 넣고 섞은 다음 나머지는 정제 코코넛 오일을 채웁니다. 백회, 목뒤, 귀 뒤, 팔목, 관자놀이 등에 수시로 바르면 됩니다.

시험장에서 집중력과 기억을 꺼내는 아웃풋 아로마 요법
: 롤볼 10ml 차광 유리병에 베티버 오일 3방울, 바질 5방울, 로즈마리 5방울, 페퍼민트 7방울, 프랑켄센스 오일 5방울, 레몬 오일 8방울, 타임 오일 3방울을 넣고 섞은 다음 나머지는 정제 코코넛 오일을 채웁니다. 백회, 목뒤, 귀 뒤, 팔목, 관자놀이 등에 수시로 바르면 됩니다.

숙면 유도 아로마 요법
: 라벤더 오일 1방울, 오렌지 오일 1방울을 발바닥에 바르고 골고루 마사지합니다.

향기는 우리가 느끼는 모든 것을 더 풍성하게 만든다.

- 코코 샤넬

⟨ part 18 ⟩

평생 동안 배우는
나의 직업은 학생

1.
수능 끝났는데,
계속 공부해야 한다고요?

수능이 끝난 뒤 고 3 딸을 보며 많은 감정이 교차합니다. '12년 동안 수고했으니, 이제부터 즐겨야지', '지금부터 달려야 진짜 성공한다' 두 마음이 수시로 왔다갔다 합니다.

코로나로 인해 세상은 너무나도 빨리 변하고 있습니다. 기업들은 사람 대신 로봇과 AI가 대신할 수 있는 자동화 시스템을 구축하고 있습니다. 대기업은 대학을 갓 나온 신입 사원보다 경력직을 더 선호합니다.

인간이 하던 일을 로봇이 대신하고 일자리가 점차 줄어드는 시점에서 '우리 자녀는 무슨 직업을 가지고 살아가지?'라는 고민이 생기실 겁니다. 하나의 직업이 아닌 n잡러로 살아가야 할 우리 자녀들을 위해 '무엇을 공부해야 하지'라는 고민을 함께해야 합니다.

김용섭 작가의 책 『프로페셔널 스튜던트』에 나오는 이야기를 공유합니다. 함께 우리 자녀의 미래에 대해 생각해 보는 기회가 되었으면 좋겠습니다.

> "한국 학생들은 하루에 15시간 학교와 학원에서 열심히 공부를 하는데, 미래에 필요치 않을 지식과 존재하지도 않을 직업을 위해 소중한 시간을 낭비하고 있다."
>
>   - 앨빈 토플러, 2008년 9월 아시아태평양포럼(서울)에서

> "2030년 세계 대학의 절반이 사라진다. 4년 동안 발이 묶여 공부하는 지금의 대학 모델은 사라질 것이다."
>
>   - 토머스 프레이, 2013년 Futuristspeaker.com에서

2.
글로벌 친구들과 인블유틱으로 소통한다

나는 세상에 하나밖에 없다.

나라는 존재는 충분한 가치가 있다.

나는 인생이라는 시간을 통해 계속 만들어지고 있다.

SNS로 나의 브랜드를 만들어 나간다.

브랜드라는 말은 옛날 유럽에서 가축에 낙인을 찍어 주인이 누구인지를 표시하는 것에서 시작되었다고 합니다. 요즘은 보통 유명한 디자이너나 메이커의 이름을 앞에 붙인 상품을 말합니다.

지금은 1인 기업가의 시대입니다. 개인이 사장과 직원이 되어, 자신이 가장 자신 있어 하는 상품을 판매하는 형태가 1인 기업입니다.

교실에서 다양한 아이들을 만납니다. 아이들 중에서 자신이 좋아하는 것이 뚜렷한 아이도 있고, 무난하게 살아가는 아이도 있습니다. 보통은 자신만의 색깔이 뚜렷한 친구들이 우리 머릿속에 선명하게 기억됩니다.

"○○ 하면 홍길동!"이라고 반의 친구들이 입을 모아 이야기합니다. 어른이 되어 직업을 가질 때, 고객들이 자신을 확실하게 기억한다면 영업에 훨씬 이익이 되겠지요? 셀프 브랜딩을 잘해도, 매출로 바로 연결이 됩니다.

초등학생의 퍼스널 브랜딩은 어른의 퍼스널 브랜딩과는 차이가 있습니다. 자녀가 좋아하고 원하는 분야의 적성과 진로를 먼저 찾아야 합니다. 그러기 위해서는 평소 좋아하는 분야의 경험을 많이 해야 합니다. 아는 만큼 보이고, 그 경험들이 쌓여 미래의 나를 브랜딩하는 데 큰 도움이 됩니다.

네이버 블로그, 유튜브, 인스타그램, 틱톡 등의 SNS에 셀프 브랜딩 생활을 매일 꾸준히 올려 보는 것을 추천합니다. 공부에 방해가 되지 않냐고 벌써부터 걱정이 되시지요? 우리 자녀들이 살아야 할 미래는 SNS 활용이 필수인 시대입니다. SNS에 끌려가지 않고, SNS를 강력한 도구로 셀프 브랜딩하는 방법을 자녀와 함께 생각해 보는 기회를 가져 보길 추천드립니다.

'내가 다시 아이를 키운다면 먼저 아이의 자존감을 세워주고 집은 나중에 세우리라'는 문구로 시작하는 다이아나 루먼스의 시 「만일 내가 다시 아이를 키운다면」을 30대 초반에 읽었습니다. 20여 년이 지난 지금과 그때의 느낌은 너무나도 다릅니다.

한 남자의 아내로서, 세 딸의 엄마로서, 초등학생 우리 반 아이들의 담임선생님으로서 처음부터 다시 산다면 이 시처럼 살아 보고 싶습니다. 꼭 그렇게 살아 보고 싶습니다.

이번에 첫 일인 책을 쓰면서 책도 많이 보고, 유튜브를 통해 육아 전문가, 심리 상담가, 현직 교사들의 이야기도 들어 보았습니다. 그분들의 이야기를 들으며 '제 나이 50이 다 될 때까지 무엇을 하고 있었을까?'라는 생각도 잠시 들었지만, '지금부터라도 하면 된다'라고 마음을 다잡았습니다.

전문가들은 공통적으로 부모와 자녀의 관계가 가장 중요하다고 이야기합니다. 부모와 자녀의 관계가 나빠지면서 하는 공부는 의미가 없다고 이야기합니다.

자녀들에게는 힘이 있습니다. 부모가 믿음으로 기다려 주면, 자신의 잠재된 능력보다 훨씬 더 성장할 수 있는 저력이 있습니다. 자녀들의 성장 단계에 맞는 큰 그림을 가지고 천천히, 하지만 탄탄하게 함께하면 됩니다.

초등학생은 신체적, 인지적, 정서적 발달이 함께 이뤄져야 하는 시기입니다. 건강한 신체, 감사 습관, 뇌 과학 등 다루고 싶은 내용을 추려 이 책에 실었습니다. 자세한 내용은 전문적인 서적이나 유튜브 동영상을 통해 알아보길 권합니다.

백세 시대, 부모와 자녀는 함께 커 가야 합니다. 서로에게 사랑을 주는 든든한 버팀목이 되어, 항상 서로를 지켜 줘야 합니다.

이 책을 선택한 여러분은 이미 상위 5%입니다. 왜냐하면 부모와 자녀가 함께 인생의 성공자가 되고 싶다는 마인드 셋이 되어 있으니까요.

여러분과 소중한 자녀의 아름다운 인생을 응원합니다!

감사의 말

첫 일인 책이기에 감사를 표현할 분이 많습니다.

일인 책을 처음 쓴다고 집안일이 뒷전인 아내를 사랑으로 배려해 준 남편, 수능을 치고 나서부터 저를 대신해 맛있는 식사를 준비해 준 고마운 첫째, 기분이 다운될 때마다 좋은 것만 생각하라고 격려해 준 둘째, 저에게 즐거운 웃음을 주는 분위기 메이커 셋째에게 감사의 마음 전합니다.

50이 다 되어 가는 딸 덕분에 아직도 마음고생하는 우리 엄마, 마음속에서 든든한 울타리로 계시는 우리 아빠, 허당인 둘째 며느리 예뻐해 주시는 시아버님, 김치가 떨어지면 어찌 아시고 금치를 주시는 우리 어머님, 하늘에서도 "우리 미야 최고다"라고 응원해 주시는 우리 할매, 큰언니를 믿어 주는 우리 동생들, 제부들, 아주버님, 형님, 조카들, 첫 조카라 사랑 가득 주시는 우리 이모부, 이모, 고모, 고모부 모두 고맙습니다.

일인 책이 셀프 브랜딩에 필수라고 적극 추천해 주신 최원교 대표님, 인사이트 있는 배움을 주시는 박상배 대표님, 기적의 미라클 모닝으로 이끌어 주신 박미숙 코치님, 마음의 위로를 함께해 주시는 신경희 코치님, 자기 계발의 길에 발을 딛게 해 주신 이종섭 코치님, 인생의 도반으로 함께하는 오다겸 대표님, 홍윤옥 대표님, 김중현 대표님, 강향임 대표님, 김진홍 선배님, 심경아 선배님 감사합니다. 교육 패러다임 변화의 싹을 틔워 주신 John 샘과 김유나 선생님, 제 자신이 우주에서 가장 소중한 존재라는 것을 강조해 주시는 하근영 선생님, 매주 토요일마다 함께하는 온라인 독서모임 북팟지기 님과 회원님들께 감사합니다.

또한 30년 이상 제 곁을 든든하게 지켜주고 있는 송나예 언니, 지은, 용훈, 상욱, 주현, 광현, 수현, 시종, 성현, 형은이에게 고마운 마음을 전합니다.

교직 생활에서 항상 멘토가 되어 주시는 유명옥 선생님, 조연진 교장 선생님, 김경미 교장 선생님, 김선영 선생님 감사합니다. 그리고 주변에서 저를 항상 사랑으로 함께하는 지인분들께 감사의 말씀 전합니다.

2023학년도를 마무리하는 날을 며칠 앞둔 2024년 2월

김주연

평생의 모든 것
초등학교에서 결정된다

초판 1쇄 인쇄 | 2024년 2월 8일
초판 1쇄 발행 | 2024년 2월 15일

지은이 | 김주연

펴낸이 | 최원교
펴낸곳 | 공감

등   록 | 1991년 1월 22일 제21-223호
주   소 | 서울시 송파구 마천로 113
전   화 | (02)448-9661 팩스 | (02)448-9663
홈페이지 | www. kunna. co. kr
E-mail | kunnabooks@naver. com

ISBN 978-89-6065-335-1 (13590)